Asif Mahmud Arnob

Autoridade da Aviação Civil do Bangladesh: Um estudo de caso

Asif Mahmud Arnob

Autoridade da Aviação Civil do Bangladesh: Um estudo de caso

Sistema de Gestão de Informação de Instalações de Carga e Gestão de Concessões Aeroportuárias

ScienciaScripts

Conteúdo

RECONHECIMENTO

A realização deste relatório intitulado **"Sistema de Gestão de Informação das Instalações de Carga e Gestão de Concessões Aeroportuárias"** não teria sido possível sem o apoio de muitas pessoas, que contribuíram em diferentes fases do meu Programa de Estágio.

Agradeço ao respeitado **Contra-Almirante Mohammad Musa, OSP, NPP, rcds, afwc, psc, PhD** Sir, ao Comodoro **M Sajedul Karim, (E), psc, BN** Sir e **Md. Mostafa Aziz Shaheen**, por me terem proporcionado esta oportunidade.

Gostaria de expressar a minha sincera gratidão ao meu **superior hierárquico, o capitão de grupo Abu Saleh Mahmud Mannafi, GUP, acsc, psc**, senhor, membro (segurança), ao **comandante de asa (aposentado) M. Shahidur Rahman**, Consultor Principal e Inspetor da Segurança da Aviação, **Supervisor Abdullah Al Mahmud**, Diretor Adjunto (Política AvSec), **Líder de Esquadra Muhammad Abu Azam**, Oficial (AvSec, HQ), **Iftakhar Jahan Hossain**, Diretor Adjunto (AvSec Admin. & Coord.) e **Mohammed Alamgir** Sir, Diretor Adjunto (Inspetor Sr. Avsec), Autoridade da Aviação Civil do Bangladesh pela sua orientação atenciosa, cooperação, tempo e esforços, sem os quais não me seria possível realizar este relatório de estágio.

Em especial, gostaria de agradecer ao **Comandante de Ala (Reformado) M. Shahidur Rahman** Sir, que assumiu de bom grado a minha responsabilidade e me deu muito tempo e partilhou comigo as suas experiências de trabalho. Penso que a sua orientação me ensinou não só a compreender a cultura do escritório, mas também a lidar com todos os colegas da organização e a enfrentar os desafios diários do trabalho com um excelente trabalho de equipa.

Gostaria também de agradecer ao **Vice-Marechal do Ar M Mafidur Rahman BBP, BSP, BUP, ndu, afwc, psc**, Senhor, Presidente (CAAB) e ao **Cdre Sadikur Rahman Chowdhury GUP, ndc, psc**, Senhor, Membro (Operações e Planeamento) por me terem dado a oportunidade de trabalhar num projeto tão inovador.

Gostaria de expressar os meus sinceros agradecimentos e gratidão ao **Capitão de Grupo Muhammed Kamrul Islam, BPP, acsc, psc, PhD, Engg** Sir, Diretor Executivo do Aeroporto Internacional Hazrat Shahjalal, ao **Comandante de Asa Mohammed Miran Hossain, PPM, fawc, psc** Sir, Diretor (AvSec), ao **Capitão de Grupo (Retd.) Khan Shahinur Bari**, inspetor especial (CAAB, QG), **comandante de asa (aposentado) Shafiul Moslemeen Khan, afwc, psc**, inspetor nacional da segurança da aviação, **Md. Shamsul Haque**, Diretor-Adjunto (ATM-D&P), **Sadhan Kumar Mahanta**, Diretor-Adjunto (SST), **Debabrata Barma**, Diretor-Adjunto (CNS), **Dr. Mohammad Anwar Hossain**, Diretor-Adjunto (ATM-D&P), **Sharmin Khanam** Ma'am, Diretora-Adjunta (Formação) e **Masud Rana** Bhai, Oficial de Segurança (AvSec), pela sua orientação e cooperação durante o meu período de estágio.

Agradecimentos especiais a **Md. Rashedul Karim** Sir, Diretor-Geral (Carga), **Md. Reza Khan**, Diretor Comercial, Biman Bangladesh Airlines Ltd. e à sua equipa pelo seu encorajamento e orientação para a realização da minha tarefa.

Gostaria de manifestar o meu especial apreço a **Kazi Ali Imam** Sir, Professor, **Halima Begum** Ma'am, Professora Associada, **Khandaker Rasel Hasan** Sir, Professor Assistente, **Mohammed Mojahid Hossain Chowdhury** Sir, Professor Assistente, **Sunanda Majumdar** Ma'am, Professor Assistente, Departamento de Gestão Portuária e Marítima, **Wahidul Sheikh Shemon** Senhor, Professor Assistente, **Hasibul Islam** Senhor, Docente, Departamento de Gestão, BSMRMU e **Ahamedul Karim Chowdhury** Senhor, Gestor Adjunto de Tráfego & Head of ICD, Kamalapur, CPA, pelo seu contínuo encorajamento e cooperação.

Agradeço sinceramente a colaboração de todos os meus colegas de turma e de grupo, especialmente dos meus colegas de gabinete, pela sua ajuda na edição, pelas sessões de feedback a altas horas da noite e pelo apoio moral.

Expresso os meus sinceros agradecimentos ao meu pai **Md. Mahmud Masum**, à minha mãe **Mst. Rehana Parvin** e à Irmã **Lailun Nahar** por reforçarem continuamente a minha coragem e me motivarem a realizar esta tarefa.

O meu apreço a todos os participantes nas entrevistas, especialistas e amigos, que partilharam os seus conhecimentos e opiniões, fazendo deste estudo de estágio um sólido contributo para o mundo académico e empresarial. Estou grato pelo seu tempo, sabedoria e amizade.

Por último, mas não menos importante, gostaria de dedicar o meu trabalho a todos os membros da Autoridade da Aviação Civil do Bangladesh pelas suas extraordinárias contribuições para o desenvolvimento do sector da aviação no Bangladesh.

23.10.23

Asif Mahmud Arnob
Rolo: 18211034

RESUMO EXECUTIVO

Este relatório apresenta uma panorâmica concisa do projeto sobre o "Sistema de gestão da informação das instalações de carga e da gestão das concessões aeroportuárias" no Aeroporto Internacional Hazrat Shahjalal (HSIA) em Daca. O relatório explora a importância destas duas componentes críticas na indústria da aviação, analisa os seus desafios e benefícios e apresenta recomendações e um plano de ação para a sua melhoria.

O relatório analisa o Sistema de Gestão da Informação (IMS) das instalações de carga no HSIA, salientando o seu papel na racionalização das operações de carga, no reforço da transparência e na melhoria da comunicação entre as partes interessadas. O IMS é descrito como um sistema abrangente que engloba o controlo da carga, a gestão da documentação, a integração aduaneira, a gestão do inventário, a análise de dados e os canais de comunicação. As vantagens do IMS incluem o aumento da eficiência operacional, a melhoria da exatidão, a transparência e a redução dos custos. No entanto, são também abordados os desafios da integração tecnológica, da segurança dos dados e da formação.

O relatório também investiga o processo de gestão das concessões aeroportuárias no HSIA, abrangendo os serviços de retalho, alimentação e bebidas e outros serviços. Destaca a importância de uma gestão eficaz das concessões para melhorar a experiência dos passageiros e gerar receitas não aeronáuticas para o aeroporto. A discussão sublinha a necessidade de ofertas diversificadas, melhoria contínua e cumprimento de regulamentos e normas.

Com base nestas conclusões, o relatório recomenda uma série de acções para o desenvolvimento do IMS das instalações de carga e da gestão das concessões aeroportuárias. Os planos de ação abrangem a seleção da tecnologia, a personalização, a formação, a implementação piloto, as medidas de segurança dos dados, a monitorização e a colaboração contínua entre as partes interessadas. Além disso, o relatório sublinha a importância de se adaptar às mudanças nas preferências dos passageiros, aos avanços tecnológicos e às considerações de sustentabilidade.

PRELIMINAR

1.1 Introdução:

1.1.1 No final do 8º semestre do Programa BBA em Gestão Portuária e Logística, todos os estudantes da Faculdade de Administração Marítima da Universidade Marítima Bangabandhu Sheikh Mujibur Rahman têm de fazer um estágio numa organização de renome que seja recomendada pelo respetivo Reitor da universidade. Neste contexto, iniciei o meu estágio na Autoridade de Aviação Civil do Bangladesh, CAAB HQ, Kurmitola, Daca, em 11 de junho de 2023. Realizei um estágio de três meses e dei o meu melhor para seguir as regras, regulamentos e horários da respectiva organização e, no final do programa, estou a apresentar o meu relatório de estágio centrado no desempenho geral dos serviços da CAAB e numa abordagem sistemática para racionalizar as operações e aumentar a eficiência através da Gestão da Informação e das Estratégias de Concessão Aeroportuária, que deve ser um Plano de Ação Abrangente para HSIA a ser implementado pela CAAB.

1.1.2 Este relatório de estágio é importante para as partes envolvidas, incluindo as autoridades aeroportuárias, as companhias aéreas, os concessionários, os operadores de carga e os organismos reguladores. Serve de ferramenta para a HSIA se avaliar a si própria e obter informações sobre os seus sistemas actuais, identificando simultaneamente potenciais áreas de melhoria. Além disso, o relatório contribui para a indústria da aviação através da partilha de práticas e lições aprendidas na gestão de instalações e concessões de carga. Em última análise, o seu objetivo é promover a compreensão destas funções aeroportuárias e do seu papel significativo na definição do sucesso e da competitividade das AISH no panorama da aviação mundial.

1.1.3 O bom funcionamento de um aeroporto depende não só da prestação de excelentes serviços aos passageiros, mas também da gestão eficaz das instalações de carga e dos serviços concessionados. Em Daca, o Aeroporto Internacional Hazrat Shahjalal (HSIA) serve de porta de entrada, tanto para os viajantes como para o comércio no Bangladesh.

1.1.4 A existência de um sistema de gestão de informação (IMS) para as instalações de carga e de um sistema organizado de gestão de concessões aeroportuárias na HSIA deve contribuir para melhorar a eficiência operacional, a satisfação dos passageiros e a geração de receitas. O presente relatório de estágio tem por objetivo explorar estes aspectos das operações do HSIA.

1.2 Objetivo do estudo:

O principal objetivo deste relatório de estágio é examinar e avaliar o Sistema de Gestão de Informação (IMS) das instalações de carga, bem como o processo de Gestão de Concessões Aeroportuárias no Aeroporto Internacional Hazrat Shahjalal para recolher e analisar informações básicas sobre as instalações existentes. Através deste relatório, o meu objetivo é obter informações sobre a importância, as dificuldades e os potenciais avanços nestes domínios e apresentar sugestões de melhorias.

1.3 Âmbito do trabalho:

Revisão do estado atual, desenvolvimento de capacidades para o estado futuro, realização de análises de lacunas e identificação de recomendações estratégicas e planos de ação.

1.4 Metodologia de investigação:

Os dados para o estudo foram obtidos junto de gestores de instalações em exercício e registados no HSIA, em Dhaka. A investigação primária foi realizada indo diretamente à fonte para fazer perguntas e recolher informações através de entrevistas de interceção e observação na organização. A investigação secundária foi realizada através da compilação, recolha e organização de investigação publicada por outros, incluindo relatórios e estudos de agências governamentais, associações comerciais ou outros aeroportos e indústrias. Os dados recolhidos foram analisados utilizando uma combinação de métodos que incluem a pontuação média dos itens, a análise de factores, o mapeamento e a otimização.

1.5 Limitações do estudo:

O relatório foi concluído num curto espaço de tempo. O estudo é auto-financiado. A falta de experiência e de conhecimentos sólidos é evidente neste tipo de trabalhos de investigação. Os dados e informações necessários não são bem fornecidos ou fornecidos de forma adequada. Uma vez que o estudo foi realizado por um único indivíduo, existe a possibilidade de ocorrerem erros durante a recolha de dados, a introdução de dados, a organização dos dados, a apresentação dos dados, a interpretação dos resultados, etc. O relatório centrou-se apenas na prática de trabalho da Autoridade da Aviação Civil do Bangladesh no Aeroporto Internacional Hazrat Shahjalal.

1.6 Visão geral:

Segue-se um resumo dos próximos capítulos.

> Capítulo 02: Detalhes da organização

Neste capítulo, abordei os pormenores organizacionais essenciais relacionados com o sector da aviação no Bangladesh. Este capítulo abrange os seguintes aspectos fundamentais: Autoridade da Aviação Civil do Bangladesh (CAAB), Aeroporto Internacional Hazrat Shahjalal (HSIA) e instalações do HSIA.

> Capítulo 03: Análise da indústria

Este capítulo oferece uma análise abrangente do sector da aviação, incluindo os seguintes aspectos: Introdução, Análise do sector, Tendências do sector e Desafios do sector.

> Capítulo 04: Visitas de campo e experiências de estágio

O Capítulo 4 apresenta um relato pormenorizado das minhas visitas de campo e experiências de estágio, incluindo o seguinte: Viagem Inicial, Seleção do Tópico do Relatório, Planeamento e Enquadramento do Estágio e Resultados de Aprendizagem.

> Capítulo 05: Sistema de gestão da informação das instalações de carga

No capítulo 5, debruço-me sobre o sistema de gestão da informação (IMS) das instalações de carga no HSIA. Neste capítulo, abordei as práticas de trabalho para a importação e exportação de carga nas instalações de carga do HSIA, a importância do IMS para as instalações de carga, as componentes do IMS para a importação e exportação de carga, as vantagens do IMS para as instalações de carga, os desafios e considerações, as perspectivas futuras, os factores de avaliação do processo de manuseamento de carga (a partir de entrevistas de interceção e análise de dados secundários) e alguns outros indicadores de desempenho.

> Capítulo 06: Gestão de Concessões Aeroportuárias

O capítulo 6 é dedicado à gestão das concessões aeroportuárias e inclui as práticas de trabalho para a gestão das concessões no HSIA, a visão geral da gestão das concessões, a importância de uma gestão eficaz das concessões e os desafios e considerações.

> Capítulo 07: Principais conclusões e debates

Neste capítulo, apresentei as principais conclusões da minha investigação e das minhas experiências no terreno e participei em debates sobre essas conclusões.

> Capítulo 08: Conclusão e recomendações

Finalmente, o Capítulo 8 serve de conclusão do meu relatório, onde resumi as minhas principais conclusões e apresentei recomendações acionáveis para melhorar os sistemas de gestão da informação e a gestão das concessões na HSIA.

> Referências

> Apêndice A | Fluxograma da operação de carga de importação (Complexo de Carga de Importação, HSIA) | BBAL

> Apêndice B | Fluxograma da operação de carga de exportação (Export Cargo Village, HSIA) | BBAL

> Apêndice C | ANEXO ICAO Responsabilidades de gestão (departamentos da CAAB/outras agências)

> Apêndice D | Operadores de linhas aéreas (companhias aéreas de passageiros) | HSIA

> Apêndice E | Operadores de linhas aéreas (companhias aéreas de carga) | HSIA

> Apêndice F | Concessão do aeroporto | HSIA

DETALHES DA ORGANIZAÇÃO

2.1 Autoridade da Aviação Civil do Bangladesh (CAAB)

<table>
<tr>
<td colspan="3">Autoridade da Aviação Civil do Bangladesh Ministério da Aviação Civil e do Turismo (MoCAT) Governo da República Popular do Bangladesh Headquarters, Kurmitola, Dhaka-1229, Bangladesh</td>
</tr>
<tr>
<td>Antecedentes</td>
<td colspan="2">Em 1985, o Governo da República Popular do Bangladesh criou a Autoridade da Aviação Civil do Bangladesh (CAAB), através do Decreto n.º XXXVIII de 1985, intitulado "The Civil Aviation Authority Ordinance, 1985".</td>
</tr>
<tr>
<td>Missão, Visão e Objetivo</td>
<td colspan="2">Missão:

Garantir serviços de aviação seguros, contínuos e eficientes, em conformidade com as normas e padrões internacionais.
Visão:
Transformar o Bangladesh num importante centro de aviação.
Objectivos:
▷ Reforçar a capacidade/expansão e a cobrança de receitas do tráfego aéreo, do transporte de passageiros e de mercadorias.
> Desenvolver a gestão operacional, administrativa e financeira através da utilização de tecnologias avançadas e da criação de mão de obra qualificada.
▷ Realizar actividades de regulamentação e garantir a segurança da aviação de acordo com as normas internacionais.
▷ Melhorar a qualidade dos serviços prestados aos passageiros nos aeroportos sob a alçada da Autoridade da Aviação Civil do Bangladesh.
▷ Reforçar a execução das actividades de boa governação e de reforma.</td>
</tr>
<tr>
<td>Funções</td>
<td colspan="2">1. Gestão e controlo das actividades da aviação civil no Bangladesh.
2. Formulação de um plano quinquenal e obtenção de aprovação governamental para o desenvolvimento de infra-estruturas destinadas a prestar serviços de transporte aéreo civil seguros, eficientes, adequados, rentáveis e bem coordenados.
3.
▷ Questões relacionadas com os aeroportos civis e as bases aéreas do Bangladesh.
▷ Questões relacionadas com a prestação de serviços de navegação aérea.
▷ Prestação de serviços de formação aeronáutica e de inspeção de voo a todas as aeronaves registadas no Bangladesh.
▷ Prestação de serviços de operações de busca e salvamento.
▷ Prestação de serviços de salvamento em caso de incêndio em aeronaves despenhadas em todos os aeroportos e bases aéreas.
▷ Aprovação do planeamento relativo a medidas de segurança em aeroportos e bases aéreas.
▷ Gestão dos bens do aeroporto e da base aérea.
4.
▷ Realizar testes de observação e de inquérito ou estudos técnicos, conforme necessário, ou contribuir para as despesas relativas a esses testes de observação e de inquérito ou estudos técnicos realizados por qualquer organização, a pedido da autoridade.
▷ Os planos de desenvolvimento com uma despesa não recorrente superior a 20 milhões de BDT ou 4 milhões de BDT e a aprovação de planos de despesas superiores a esse montante estão sujeitos à aprovação do Governo.
▷ Empreender as obras, efetuar os veículos necessários à sua utilização, adquirir máquinas e equipamentos e executar todos os contratos considerados necessários ou convenientes.
▷ Comprar, arrendar, trocar ou adquirir de qualquer outra forma terrenos ou bens imóveis ou direitos sobre esses terrenos.
▷ Procurar e aceitar o conselho e a assistência de qualquer autoridade local ou organismo do Governo para a formulação e execução de qualquer plano.</td>
</tr>
<tr>
<td>Quadro legislativo</td>
<td>Nacional
Lei da Aviação Civil, 2017 (Lei CA)
Lei da Autoridade da Aviação Civil de 2017 (Lei CAA)</td>
<td>Internacional
Normas e práticas recomendadas da ICAO
Anexos da ICAO
Manuais da ICAO</td>
</tr>
</table>

	Regras da Aviação Civil de 1984 (CAR'84) Lei da Meteorologia, 2018 Ordens de navegação aérea Diretivas de aeronavegabilidade Manual de Normas (Nacional) NCASP, NCASTP, NACSP, ACSP, ASP, NATFP, NCAQCP	Diretivas da ICAO Normas, políticas e recomendações da ACI Prática
Partes interessadas	- CAAB Regulator-FSR, - CAAB Service Providers- ATM/CNS/AIS/SAR/AVSEC - CAAB Engineering - Infrastructure - CAAB-Airports (ED, Diretors and Managers) - Ministry of Civil Aviation and Tourism - BMD -MET - Airlines - Industry Bodies - Airline Associations - Airport Associations - Trade Associations (DCAA, BAFFA, BGMEA, BKMEA, FBCCI etc.) - Customs Authority - Biman Bangladesh Airlines Ltd - Animal Quarantine - Plant Quarantine - Ministry of Animal Quarantine - Ministry of Animal Quarantine - Ministry of Animal Quarantine - Ministry of Legal, Justice and Parliament Affairs - Planning Commission - Ministry of Law and Justice and Parliament Affairs - Ministry of Bangladesh Airlines Ltd.Autoridade Aduaneira - Biman Bangladesh Airlines Ltd - Quarentena Animal - Quarentena Vegetal - Ministério dos Assuntos Internos - Ministério dos Negócios Estrangeiros - Ministério do Direito, da Justiça e dos Assuntos Parlamentares - Comissão de Planeamento - Ministério da Saúde e do Bem-Estar Familiar - Divisão das Finanças, Ministério das Finanças - Divisão dos Correios e Telecomunicações - Gabinete do Primeiro-Ministro - Departamento de Imigração e Passaportes - Comissariado das Alfândegas, Impostos Especiais de Consumo e IVA, Daca (Norte) - BADC - NBR - DGFI - NSI - SB e outros.	
Operacional Actividades	> Inspeção de aeronaves > Emissão e renovação ou alteração de licenças de pessoal > Aterragem de aeronaves > Estacionamento de aeronaves > Navegação e comunicação aérea > Manuseamento de combustível > Serviços de passageiros > Serviços de carga > Certificados de operador aéreo > Aprovação da manutenção de aeronaves > Poluição sonora e ambiental > Licenças de transporte aéreo > Tratamento do tráfego aéreo > Manuseamento de aeronaves > Utilização ou aluguer de qualquer ativo da CAAB > Quaisquer outros serviços relacionados com a exploração de aeródromos	
Funcionamento Localizações	**Doze aeroportos nacionais** **Três aeroportos internacionais** **A. Operacional- (5)** 1. Aeroporto de Cox's Bazar Existem três aeroportos internacionais no país 2. Aeroporto de Shah Makhdum, país. Rajshahi 1. Aeroporto Internacional Hazrat Shahjalal, 3. Jashore Aeroporto Dhaka 4. Aeroporto de Saidpur 2. Aeroporto Internacional Shah Amanat, 5. Aeroporto de Barishal Chattogram 3. Aeroporto Internacional de Osmani, Sylhet **B. Necessita de aprovação prévia para**	

	funcionamento do ar-(3) 1. Aeroporto de Tejgaon 2. Aeroporto de Bogura
	3. Aeroporto de Shamshernagar (STOL) **C. Serviço não disponível-(3)** 1. Aeroporto de Ishurdi 2. Aeroporto de Cumilla (STOL) 3. Aeroporto de Thakurgaon. **Em construção** Aeroporto Khan Jahan Ali, Bagerhat.
Desafios e oportunidades	Mundial ▷ Norma de segurança e proteção da aviação ▷ Serviço fiável para as partes interessadas ▷ Melhoria da viabilidade financeira ▷ Estabelecer um sistema de gestão da qualidade ▷ Gestão eficiente do espaço aéreo ▷ Aumento da eficácia e da produtividade do pessoal Nacional ▷ Inadequação da mão de obra qualificada para o desenvolvimento do sector da aviação civil. ▷ Falta de espaço suficiente para construir uma segunda pista no Aeroporto Internacional Hazrat Shahjalal. ▷ Recuperação dos terrenos expropriados no aeroporto. ▷ Garantir normas internacionais de segurança e proteção da aviação, incluindo a aterragem e descolagem seguras das aeronaves que operam no espaço aéreo do Bangladesh, em conformidade com uma gestão moderna do tráfego aéreo. ▷ Garantir o fornecimento de divisas é um grande desafio devido à atual crise económica.
Visão geral	O CAAB é membro da Organização da Aviação Civil Internacional (ICAO) e está a implementar as infra-estruturas necessárias para a circulação de aeronaves nacionais e internacionais. Através da construção e manutenção de aeroportos, do tráfego aéreo e de instalações de navegação aérea; da instalação de serviços de telecomunicações e de outras instalações para passageiros, bagagem de cabina, bagagem de porão, carga, correio e outras mercadorias, assegurando simultaneamente a segurança, a proteção e a facilitação necessárias, o CAAB garante a circulação rápida e segura de aeronaves estrangeiras e nacionais no território aéreo do Bangladesh. O CAAB funciona como um organismo regulador.

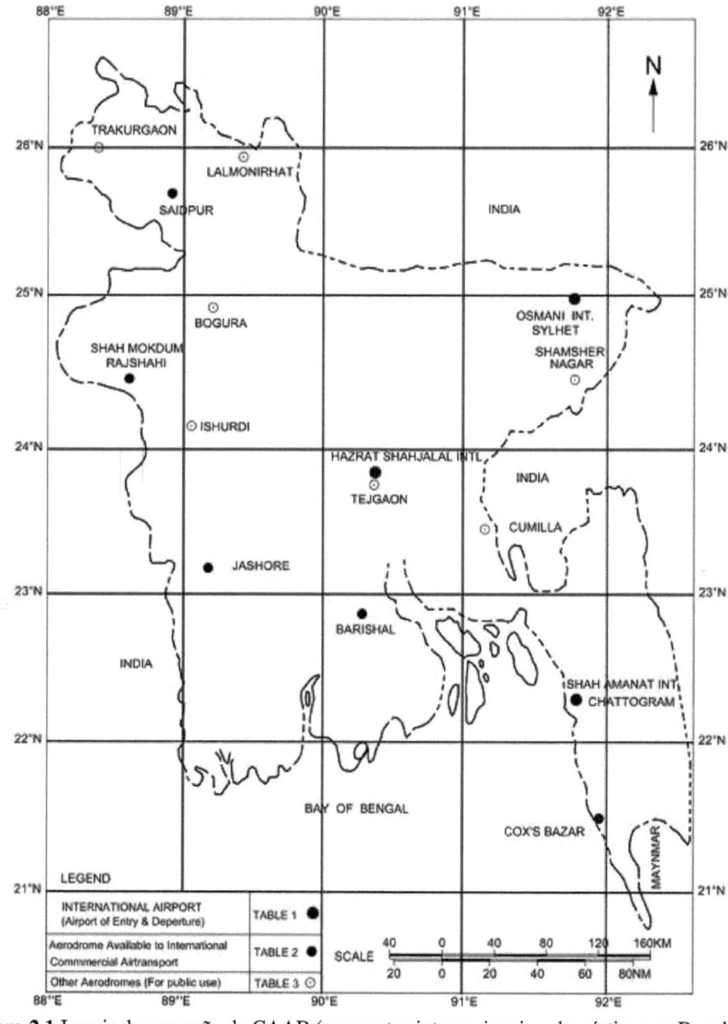

Figura 2.1 Locais de operação da CAAB (aeroportos internacionais e domésticos no Bangladesh)

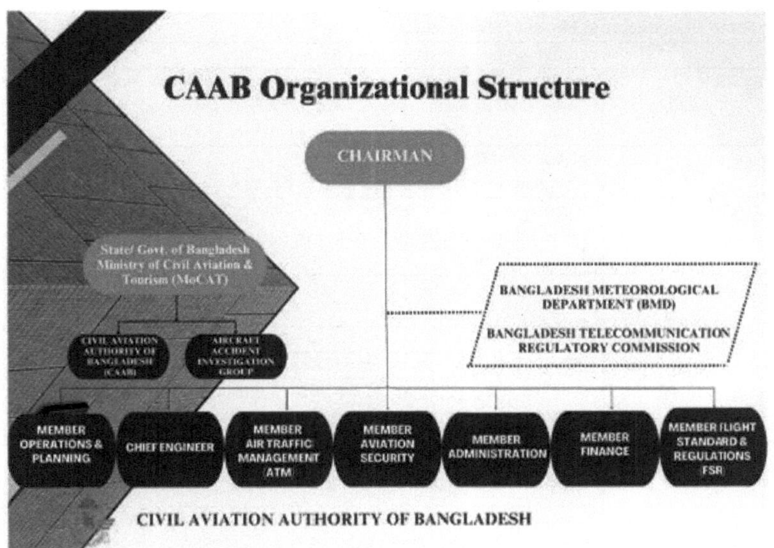

Figura 2.2 Estrutura organizacional da CAAB

Figura 2.3 HSIA e sede da CAAB

2.2 Aeroporto Internacional Hazrat Shahjalal (HSIA)

Aeroporto Internacional Hazrat Shahjalal, Daca	
Antecedentes	*Em 1985, o Governo da República Popular do Bangladesh criou a Autoridade da Aviação Civil do Bangladesh (CAAB), através do Decreto n.º XXXVIII de 1985, intitulado "The Civil Aviation Authority Ordinance, 1985".*
Aeródromo	^Internacional D=Nacional S=Programado NS=Não programado P=Privado
Tipos de tráfego permitidos	Existem dois conjuntos de regras para pilotar qualquer aeronave: VFR e IFR. Dependendo das condições climatéricas, o piloto pode optar por um ou outro conjunto de regras.
Indicador de localização ICAO	VGHS
Código IATA	DAC
Distância e direção da cidade	11NM (20km) a norte da cidade de Dhaka (GPO)
Plataforma operacional	Biman Bangladesh Airlines (transportadora aérea de bandeira nacional) Air Astra, Novo Air e US-Bangla Airlines (companhias aéreas privadas)
Passageiro anual Capacidade de manuseamento	18,5 milhões de euros
Voos internacionais	Cerca de 190 voos internacionais são operados diariamente no HSIA
Assistência em terra	Fornecido por Biman Ground Handling, uma filial a 100 % da Biman Bangladesh Airlines.
Actividades operacionais	▷ Inspeção de aeronaves ▷ Aterragem de aeronaves ▷ Estacionamento de aeronaves ▷ Navegação e comunicação aérea ▷ Manuseamento de combustível ▷ Serviços de passageiros ▷ Serviços de carga ▷ Tratamento do tráfego aéreo ▷ Manuseamento de aeronaves ▷ Quaisquer outros serviços relacionados com a exploração de aeródromos ▷ Gestão de concessões aeroportuárias
Partes interessadas	- Segurança da aviação (AVSEC) - Ex. Magistrate - Airport Health Office - Customs, HSIA - Biman Bangladesh Airlines - Airlines/ Carrier - Duty Free Shops - Meet & Greet Service - Department of Narcotics Control, HSIA - Plant Quarantine Station, HSIA - Probashi kallyan Desk, HSIA - Rent a Car service, HSIA
Instalações disponíveis & Serviços (Incluindo Horário de funcionamento)	▷ Cobertura total de Internet Wi-Fi em todos os locais. ▷ Todos os terminais do aeroporto dispõem de vários serviços de Primeira Classe e de Classe Executiva Executive Lounges geridos por hotéis de cinco estrelas, como o Inter Continental Dhaka; empresas do Bangladesh, como o Eastern Bank Sky Lounge ou o Citibank American Express Lounge. ▷ Companhias aéreas locais e estrangeiras. (Balcão de venda de bilhetes) ▷ Parque de estacionamento de vários andares - (Carro, Microbus, Jeep) ▷ Serviço de carrinhos de bagagem ▷ Serviço de cadeira de rodas e canto do cidadão sénior ▷ Sala de controlo da Hajj no aeroporto

	> Centro ce Visitantes (Este centro está atualmente encerrado) > Primeiros socorros (Cuidados de saúde de emergência e serviços de saúde) > Sistema bancário e serviço de câmbio > Serviço de aluguer de automóveis > Loja Duty Free > Serviço de reserva de hotéis > Cabine telefónica, cuidados com o aleitamento do bebé e bebida pura Água > Quarto para fumadores > Restaurante > Sala de oração > Sistema de visualização de informações de voo (FIDS) > Serviço de embalamento de bagagens > Serviço de carga > Linha de apoio > Instalações de entretenimento > Perdidos e achados

SL. NR.	Serviços	Horas
1.	Administração do aeródromo	0900 LT a 1700 LT exceto sexta-feira, sábado e feriados
2.	Alfândega e imigração	H24
3.	Saúde e saneamento	H24
4.	Gabinete de informação AIS	H24
5.	Gabinete de informação ATS (ARO)	H24
6.	Gabinete de informação MET	H24
7.	Serviço de tráfego aéreo	H24
8.	Abastecimento de combustível	H24
9.	Manuseamento	H24
10.	Segurança	H24

Visão geral	O HSIA é o principal e maior aeroporto internacional do Bangladesh, situado em Kurmitola, Daca. Cobre uma área de 802 hectares (1 981 acres) e mais de 90% das funções aeronáuticas da CAAB são efectuadas a partir dele. A Autoridade da Aviação Civil do Bangladesh (CAAB) gere e mantém o aeroporto.

Figura 2.4 Panorama do desempenho do HSIA

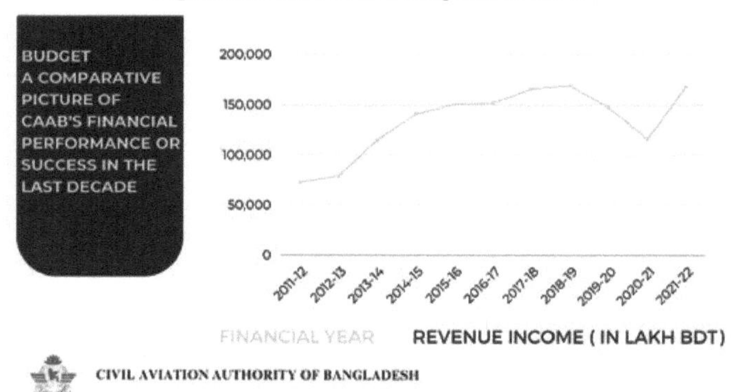

Figura 2.5 Um quadro comparativo do desempenho ou sucesso financeiro do CAAB.

2.3 Instalações no HSIA

2.3.1 Terminal-1, Terminal-2 e Terminal Doméstico:

O Aeroporto Internacional Hazrat Shahjalal tem três terminais principais: o Terminal-1, o Terminal-2 e o terminal doméstico. Entre eles, o Terminal-1 e o Terminal-2 destinam-se especificamente a voos internacionais e estão situados no mesmo edifício (área útil de 73 400 m2).

^ Passageiros que chegam^ Chegada pela ponte de embarque/baía de estacionamento^ Aproximação pela Imigração de chegada e desalfandegamento^ Saída pelo átrio de chegadas internacionais &+ No rés do chão através da cobertura-1 e da cobertura-2.

^ Passageiros que partem^ Bagagem pesada/Portão de entrada^ Aceder ao átrio de partidas internacionais no segundo andar^ Concluir os procedimentos de registo das companhias aéreas^ Passar pela imigração de partida^ Proceder ao embarque na aeronave.

O terminal doméstico está localizado à esquerda dos terminais internacionais que servem os voos domésticos e apresenta uma disposição de um piso, em que os átrios das chegadas e das partidas estão situados no mesmo piso (área útil: 2 200 m2).

2.3.2 Terminal VVIP:

Para além dos terminais internacionais, existe um edifício do terminal VVIP situado no lado direito do Terminal-2. O terminal VVIP situa-se principalmente a cerca de 200 metros (220 jardas) da porta principal e presta serviços exclusivos aos passageiros VVIP.

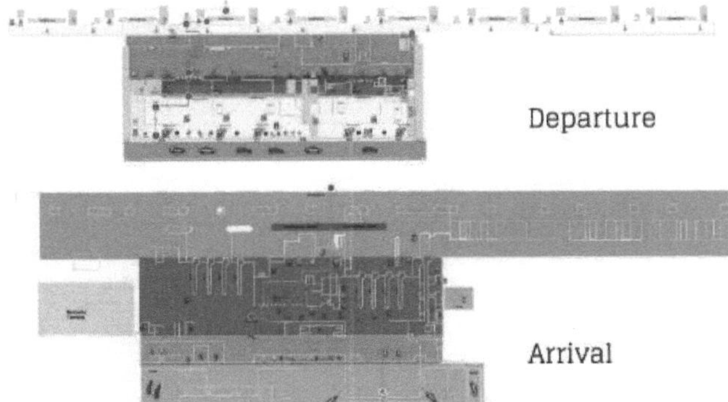

Figura 2.6 Disposição do Terminal-1, do Terminal-2, do Terminal Doméstico e do Terminal VVIP no HSIA

2.3.3 Terminal 3:
Está em curso a construção do Terminal-3 (área útil de 230 000 metros quadrados), que deverá estar totalmente operacional em 2024. O lançamento suave está previsto para 7 de outubro de 2023. Este projeto visa acomodar o crescente tráfego de passageiros, melhorar as capacidades operacionais e fornecer instalações modernas para uma experiência de viagem sem problemas.
2.3.4 Terminal de carga:
O atual Complexo de Carga de Importação (área útil de 15.000 m2) e a Aldeia de Carga de Exportação (área útil de 12.800 m2) têm capacidade para movimentar eficazmente 200.000 toneladas por ano. Após a conclusão do projeto de renovação e expansão em curso, a capacidade dos terminais de carga será aumentada para acomodar até 500.000 toneladas após a conclusão da construção do novo ECT/ICT (área útil de 63.000 m2) e torná-lo totalmente operacional.

Figura 2.7 Terminal 3rd, nova ECT e ICT

SL. NR.	Serviços	Detalhes
1.	Instalações de manuseamento de carga	˄ 01 Gruas móveis˄ 12 Carregadores de paletes de contentores˄ 09 Transportadores de paletes de contentores˄ 10 Carregadores de correias˄ 22 Tractores de reboque de bagagem˄ 50 Carrinhos de

		carga/bagagem^ 145 Carrinhos de contentores/Dollies^ 45 Carrinhos manuais^ 09 Empilhadores^ 01 Empilhador de corredor estreito^ 75 Carrinho de paletes
2.	Tipos de combustível/óleo	Jet A-1 AVGAS 100LL, embalagem de tambor
3.	Instalações de abastecimento de combustível/Capacidade	Dispensador de hidrantes, reabastecimento de Bowser durante 24 horas.
4.	Instalações de degelo	Necessidade NIL
5.	Espaço no hangar para aeronaves visitantes	Por acordo com a Biman Bangladesh Airlines
6.	Instalações de reparação para aeronaves visitantes	Limitada

Quadro 2.1 Serviços de assistência e instalações disponíveis no HSIA

SL. NR.	Aventais	Taxiways
1.	Avental principal	Pista de aterragem norte
2.	Avental de carga	Pista de aterragem sul
3.	Avental VVIP	Taxiway de alta velocidade
4.	Avental Cargo Village	-

Quadro 2.2 Áreas de estacionamento e vias de circulação no HSIA

SL. NR.	Serviços	Detalhes
1.	Hotéis	Ilimitado na cidade de Dhaka.
2.	Alojamento em restaurantes	Limitado no aeroporto, ilimitado na cidade de Dhaka
3.	Transporte	Autocarros, táxis e comboios para a cidade de Daca
4.	Instalações médicas	Médico disponível 24 horas no Departamento de Saúde. Ambulância disponível 24 horas Hospitais e clínicas disponíveis num raio de 1 NM
5.	Bancos	Disponível no aeroporto
6.	Posto de Turismo	Disponível no aeroporto
7.	Correios	Não disponível no aeroporto, mas disponível no Hajj Camp (1 km)

Quadro 2.3 Instalações para passageiros no HSIA

CAPÍTULO 03

ANÁLISE DO SECTOR

3.1 Introdução

De acordo com um relatório da IATA, a carga aérea representa 35% do comércio mundial em termos de valor, mas menos de 1% em termos de volume. Transporta mercadorias no valor de 6 biliões de dólares americanos e sustenta mais de 68 milhões de empregos no sector da aviação. Cerca de 52 milhões de toneladas métricas de carga são transportadas por via aérea todos os anos. Prevê-se que a frota mundial de aviões de carga cresça 70% nos próximos 20 anos, atingindo 3 010 aviões. Existem 3.200 aeroportos em todo o mundo com 60.000 rotas comerciais. O valor de mais de 900.000 dispositivos de carga unitária (ULD) está estimado em mais de 1 bilião de dólares. Uma bola de ténis requer o transporte de materiais de 14 países, cobrindo uma distância de mais de 50.000 milhas. Uma melhor conetividade da carga aérea melhora o comércio em 6%. Os governos podem aumentar a sua competitividade comercial global através da aplicação de políticas que promovam a circulação eficiente da carga aérea.

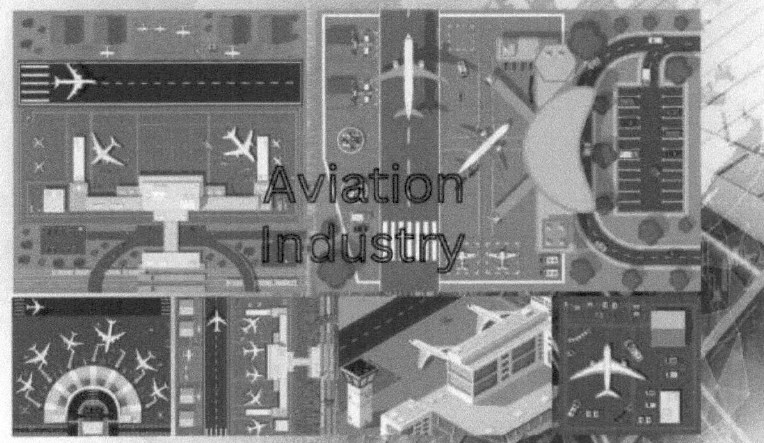

Figura 3.1 Setor da aviação

According to statistics from the **International Air Transport Association (IATA)**, the air travel market for passengers is valued at approximately **$600 million to $700 million**, with a steady annual growth rate of **8% to 10%**. IATA forecasts that under current trends, air transport will experience a remarkable **168% growth over the next 20 years**, resulting in an additional **12.1 million to 30 million passenger departures by 2038**. This substantial increase in demand has the potential to contribute **$2.1 billion to $3.2 billion to the country's Gross Domestic Product (GDP) and generate 140,000 to 222,000 jobs.**

De acordo com as estatísticas da **Associação Internacional de Transporte Aéreo (IATA)**, o mercado do transporte aéreo de passageiros está avaliado em cerca de **600 a 700 milhões de dólares,** com uma taxa de crescimento anual constante de **8% a 10%. A IATA** prevê que, de acordo com as tendências actuais, o transporte aéreo registará um **crescimento** notável **de 168% nos próximos 20 anos,** resultando em mais **12,1 milhões a 30 milhões de partidas de passageiros até 2038.** Este aumento substancial da procura tem **potencial para contribuir com 2,1 mil milhões a 3,2 mil milhões de dólares para o Produto Interno Bruto (PIB) do país e gerar 140 000 a 222 000**

Figura 3.2 Perspectivas da aviação no Bangladesh (IATA)

3.2 Análise do sector

Devido à sua localização geográfica, o Bangladesh serve de ponte entre a Ásia Oriental e a Europa para o transporte aéreo de carga. Na Ásia, a China e a Índia são os mercados de carga em expansão que criam oportunidades para operações de cargueiros. O Bangladesh registou um aumento de 20% nos movimentos de carga aérea na última década. Seis cargueiros regulares e cinco não regulares efectuam 50 voos diários para o Bangladesh para satisfazer a procura de carga.

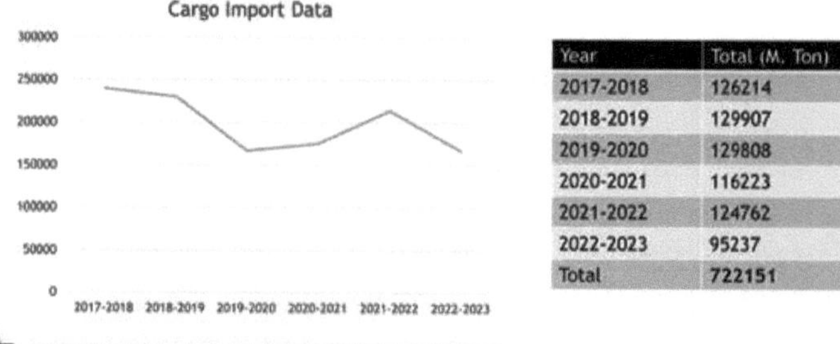

Year	Total (M. Ton)
2017-2018	126214
2018-2019	129907
2019-2020	129808
2020-2021	116223
2021-2022	124762
2022-2023	95237
Total	722151

Figura 3.3 Dados de importação de carga

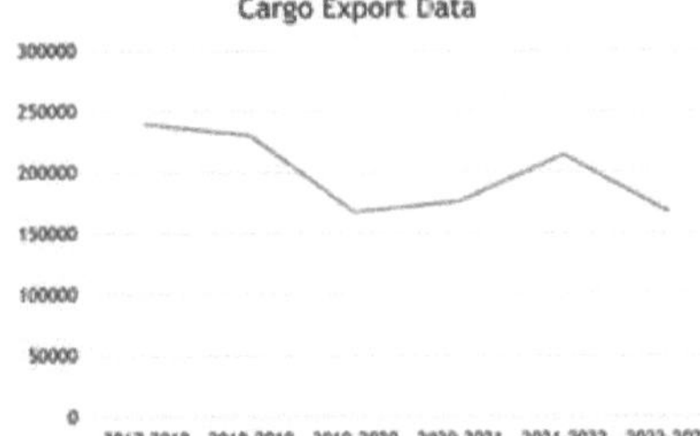

Figura 3.4 Dados de exportação de carga

Figura 3.5 Projeção do crescimento do movimento de aeronaves de carga aérea e de carga prevista no Bangladesh

3.3 Tendências do sector

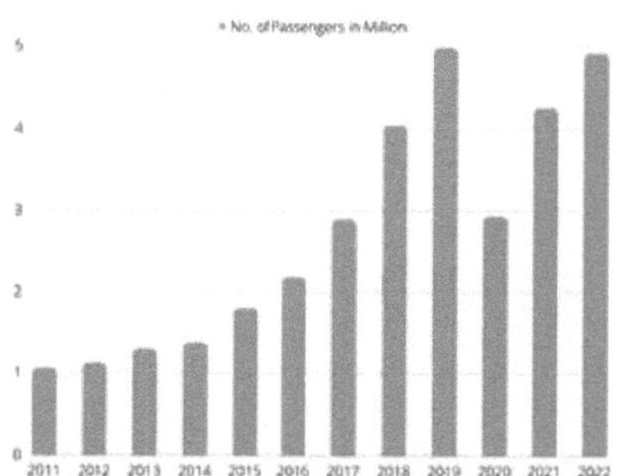

Figura 3.6 Tendência de crescimento do número de passageiros domésticos (2011-2022)

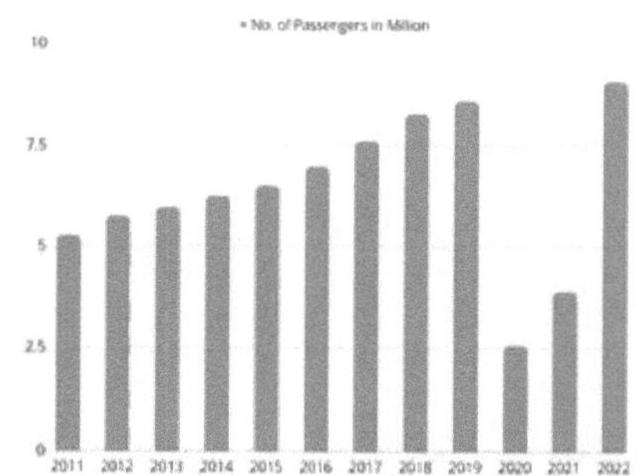

Figura 3.7 Tendência de crescimento do número de passageiros internacionais (2011-2022)

3.3.1 Os resultados do IATA Global Shipper Survey 2022 revelam que a satisfação dos clientes é influenciada por factores como os custos, a capacidade limitada, a redução dos voos regulares, a falta de fiabilidade, a clareza dos procedimentos e a lentidão da digitalização.

3.3.2 Os tipos de carga transportada por via aérea incluem carga geral, vestuário de moda, produtos farmacêuticos, produtos químicos, produtos perecíveis, artigos de elevado valor, produtos electrónicos, produtos automóveis, carga pesada, encomendas, documentos, correio, carga de grandes dimensões e animais vivos, entre outros. Os tipos de carga mais comuns incluem Carga Geral e Produtos Farmacêuticos.

3.3.3 As vantagens da utilização da carga aérea incluem o seu impacto ambiental positivo, a transparência, a relação custo-eficácia, a adequação a envios de diferentes dimensões e pesos, a flexibilidade e a capacidade, o reforço da segurança, a fiabilidade, o valor do produto, o destino e a distância percorrida e o tratamento de produtos especiais.

3.3.4 As prioridades dos clientes para o desenvolvimento do sistema de transporte de carga aérea abrangem a comunicação eficaz, a rastreabilidade e o intercâmbio de dados ao longo da cadeia de abastecimento, a melhoria da resposta a desvios e a erros de manuseamento, o aumento da orientação no estabelecimento de sistemas de gestão de acções corretivas e preventivas, a redução de custos, a digitalização, a sustentabilidade, a monitorização em tempo real, a visibilidade em , a transparência e a melhoria das soluções de planeamento da produção e da cadeia de abastecimento para reduzir os prazos de entrega.

3.3.5 As principais vantagens do transporte aéreo são a rapidez, a satisfação das necessidades dos clientes e a fiabilidade.

3.4 Desafios do sector

> Sustentabilidade (redução de resíduos, redução de embalagens, eficiência da cadeia de abastecimento, comunicação e colaboração da indústria, melhoria das infra-estruturas)

> Digitalização (colaboração e comunicação entre as partes, visibilidade, incluindo pontos cegos ao longo da cadeia de abastecimento, otimização do equipamento e da utilização do armazém, fator de carga, rotas e planeamento de rotas, cadeia de abastecimento sem papel de ponta a ponta)

> Segurança da carga (regulamentos relativos a mercadorias perigosas, dispositivos de carga unitária, cargas especiais, transporte de produtos perecíveis e animais vivos, transporte de restos mortais humanos)

CAPÍTULO 04

VISITAS DE CAMPO E EXPERIÊNCIAS DE ESTÁGIO

4.1 Viagem inicial

Comecei o meu estágio no CAAB a 11 de junho de 2023. No dia 21 de maio de 2023, fui aceite como estagiário (CAAB) pelo Vice-Marechal do Ar M Mafidur Rahman BBP, BSP, BUP, ndu, afwc, psc Sir (Presidente, CAAB) após uma breve entrevista. O senhor reconheceu a minha formação académica e consultou o comandante Sadikur Rahman Chowdhury GUP, ndc, psc (membro do departamento de operações e planeamento), sugerindo-me que trabalhasse no departamento de operações. Como estava interessado em trabalhar nas operações de carga aérea e nos procedimentos de manuseamento, na gestão do frete aéreo e na gestão dos terminais, o comandante Sadikur Rahman Chowdhury mandou-me trabalhar sob a direção do capitão de grupo Abu Saleh Mahmud Mannafi, GUP, acsc, psc, membro (segurança). O Membro (Segurança) apresentou-me ao Chefe de Esquadra Muhammad Abu Azam, Oficial (Avsec, QG). O senhor Azam coordenou comigo todo o meu percurso de estágio. Azam apresentou-me aos meus supervisores, o Comandante de Asa (Reformado) M. Shahidur Rahman, Consultor Sénior e Inspetor de Segurança da Aviação, e Abdullah Al Mahmud, Diretor-Adjunto (Política da Avsec).

4.2 Seleção do tópico do relatório

O Capitão de Grupo Abu Saleh Mahmud Mannafi, GUP, acsc, psc O Senhor falou comigo sobre a minha formação académica e os meus interesses. Selecionou o tema do meu relatório e deu as seguintes instruções:

^ Instalações de carga^ Visita + Operações^ Objectivos (Relevância com os seus conhecimentos)^ Atribuições^ 1. Gestão de concessões aeroportuárias^ 2. Sistema de gestão de informação das instalações de carga^ Problemas+ Prática de trabalho+ Recomendação+ Um plano de ação

4.3 Planeamento e enquadramento do estágio

4.3.1 O Comandante de Ala (Reformado) M. Shahidur Rahman, Consultor Sénior e Inspetor de Segurança da Aviação, e Abdullah Al Mahmud, Diretor Adjunto (Política de Segurança da Aviação), deram-me as principais orientações sobre o meu percurso de estágio na CAAB.

4.3.2 O Comandante de Ala (Reformado) M. Shahidur Rahman Sir falou brevemente sobre os objectivos do estágio, as tarefas e deu as seguintes instruções

^ Submeter o currículo do curso académico+ Iniciar o processamento do Cartão de Identificação de Acompanhante (CAAB)^ Estudo total sobre o Complexo de Carga de Importação e a Aldeia de Carga de Exportação^ Fluxo de operações+ Partes interessadas^ Quadro jurídico (nacional e internacional)^ Qual a melhor forma de automatizar o complexo de carga de importação de acordo com o mercado global? ^ Operações do terminal^ Operações de carga^ Análise GAP^ Programa de segurança do locatário^ Sensibilidade de segurança CAAB^ Metodologia^ Birds Eye View^ Cronograma^ Regulamentos da ICAO, ACI, UE e Regulamentos do Reino Unido sobre o regime de carga aérea^ Questões de formação de cães de deteção de explosivos (unidade K9)^ Questões de certificação e regulamentação^ Fluxograma das operações de carga de importação e exportação (operações, problemas e soluções)^ Lacunas no controlo de acesso^ Protocolo do serviço de correio (complexo de carga de importação)

4.4 Resultados da aprendizagem

4.4.1 Penso que, durante o meu período de estágio no CAAB, as experiências que adquiri foram mais do que alguma vez esperei. Considero que a pontualidade é uma qualificação essencial de um bom estagiário. Na minha opinião, a melhor maneira de aprender é fazendo. Na minha opinião, gostei do meu estágio e ganhei uma experiência valiosa na CAAB.

4.4.2 Durante o meu estágio na CAAB, tive a oportunidade de participar em várias visitas de campo, acompanhado pelo Comandante de Ala (Reformado) M. Shahidur Rahman Sir, no Complexo de Carga de Importação (Secção F.T., MWH-1/ Strong Room, Canopy, Secção TR/DIP/COOL/DG, Bond Area, MWH- 2/ Strong Room, Courier Unit, IMP Section, D/G Section, Claim Section, DISP Section,

Biman Cargo Division, Biman Security Division, Customs Authority)
Também visitei o Export Cargo Village (Carga, Operação, SCM e Segurança), Terminais (Terminal-1, Terminal-2, Terminal Doméstico, Terminal VVIP e a construção em curso do Terminal-3 e do novo ECT e ICT), guiado ou instruído pelo Comandante de Ala (Retd.) M. Shahidur Rahman Sir e Abdullah Al Mahmud Sir, e adquiri experiências inestimáveis. Estas experiências enriqueceram a minha compreensão do sector da aviação e das suas práticas.

4.4.3 Durante a minha visita, tive a oportunidade de assistir às operações do aeroporto, o que me permitiu observar as actividades quotidianas, desde a manutenção dos aviões até à assistência aos passageiros. Esta visita reforçou a minha convicção de que a pontualidade é, de facto, uma qualidade essencial para um bom estagiário, pois pude constatar a importância do tempo e da coordenação no sector da aviação.

4.4.4 Um dos pontos altos do meu estágio foi a aprendizagem do processo de inspeção das instalações. Esta experiência prática reforçou a minha convicção de que a melhor forma de aprender é fazendo.

4.4.5 Observei o novo sistema AvSecID e também tomei conhecimento do futuro HSIA - Digital Airport Service, CAAB - Height Clearance Management System.

4.4.6 Ao longo do meu estágio, tive também a oportunidade de trabalhar em estreita colaboração com profissionais da CAAB em vários projectos. A colaboração com especialistas na matéria permitiu-me adquirir uma perspetiva holística das operações de aviação. Fiquei a conhecer os meandros da conformidade regulamentar, os protocolos de segurança e a importância da melhoria contínua.

Em conclusão, o meu estágio no CAAB proporcionou-me um conjunto completo de experiências que excedeu as minhas expectativas. Reforçou a importância da pontualidade, a eficácia da aprendizagem pela prática e o valor da aquisição de experiência prática. Gostei muito do tempo que passei no CAAB e estou grato pelas valiosas percepções e conhecimentos que adquiri durante o meu estágio. Estas experiências não só enriqueceram o meu desenvolvimento profissional, como também alimentaram a minha paixão pelo sector da aviação.

Figura 4.1 Algumas fotografias tiradas durante a minha visita de campo.

INTERNSHIP WORK SCHEDULE

Date	Day	Activity		Yes/No	Remarks
		Main	Details		
8-Aug-23	Tue	IMPORT CARGO FACILITIES	F.T Section		SAT
9-Aug-23	Wed	IMPORT CARGO FACILITIES	F.T Section		SAT
10-Aug-23	Thu	IMPORT CARGO FACILITIES	MWH-1/ Strong Room	✓	SAT
13-Aug-23	Sun	IMPORT CARGO FACILITIES	Canopy | TR/DIP/CO OL/DG | Bond	✓	SAT
14-Aug-23	Mon	IMPORT CARGO FACILITIES	Canopy | TR/DIP/CO OL/DG | Bond	✓	SAT
15-Aug-23	Tue	IMPORT CARGO FACILITIES	MWH-2/ Strong Room	✓	SAT
16-Aug-23	Wed	IMPORT CARGO FACILITIES	Courier Unit	✓	SAT
17-Aug-23	Thu	IMPORT CARGO FACILITIES	IMP Section	✓	SAT

ABDULLAH AL MAHMUD
ASSISTANT DIRECTOR (AVSEC POLICY)

WING COMMANDER (RETD.)
M. SHAHIDUR RAHMAN
SENIOR CONSULTANT &
AVIATION SECURITY INSPECTOR

GROUP CAPTAIN
ABU SALEH MAHMUD MANNAFI, GUP, ACSC, PSC
MEMBER (SECURITY)

CIVIL AVIATION AUTHORITY OF BANGLADESH

INTERNSHIP WORK SCHEDULE

Date	Day	Activity		Yes/No	Remarks
		Main	Details		
20-Aug-23	Sun	IMPORT CARGO FACILITIES	D/G Section	Yes	SAT
21-Aug-23	Mon	IMPORT CARGO FACILITIES	Claim Section	✓	SAT
22-Aug-23	Tue	IMPORT CARGO FACILITIES	DISP Section	✓	SAT
23-Aug-23	Wed	IMPORT CARGO FACILITIES	Biman Cargo Division	✓	SAT
24-Aug-23	Thu	IMPORT CARGO FACILITIES	Biman Security Division	✓	SAT
27-Aug-23	Sun	IMPORT CARGO FACILITIES	Customs Authority	✓	SAT
28-Aug-23	Mon	EXPORT CARGO FACILITIES	Cargo Operation, SCM & Security	✓	SAT
29-Aug-23	Tue	NEW IMPORT & EXPORT CARGO COMPLEX	Cargo Operations	Yes	SAT

ABDULLAH AL MAHMUD **ASSISTANT DIRECTOR (AVSEC POLICY)**	**WING COMMANDER (RETD.)** **M. SHAHIDUR RAHMAN** **SENIOR CONSULTANT &** **AVIATION SECURITY INSPECTOR**	**GROUP CAPTAIN** **ABU SALEH MAHMUD MANNAFI, GUP, ACSC, PSC** **MEMBER (SECURITY)**

INTERNSHIP WORK SCHEDULE

Date	Day	Activity		Yes/No	Remarks
		Main	Details		
30-Aug-23	Wed	DHAKA CUSTOM HOUSE	Customs Procedures	Yao	SAT
31-Aug-23	Thu	DHAKA CUSTOM AGENT ASSOCIATION	Data Collection	✓	SAT
3-Sep-23	Sun	BALAKA BHABAN	Data Collection	✓	SAT
4-Sep-23	Mon	DOMESTIC & INTERNATIONAL TERMINALS	Airport Management & Terminal Operation	✓	SAT
5-Sep-23	Tue	CIVIL AVIATION ACADEMY & BATC	Data Collection	✓	SAT
6-Sep-23	Wed	CAAB DEPARTMENTS	Data Collection	✓	SAT
7-Sep-23	Thu	3RD TERMINAL	Massive Works Observation	Yao	SAT

ABDULLAH AL MAHMUD
ASSISTANT DIRECTOR (AVSEC POLICY)

WING COMMANDER (RETD.)
M. SHAHIDUR RAHMAN
SENIOR CONSULTANT &
AVIATION SECURITY INSPECTOR

GROUP CAPTAIN
ABU SALEH MAHMUD MANNAFI, GUP., ACSC, PSC
MEMBER (SECURITY)

CIVIL AVIATION AUTHORITY OF BANGLADESH

SISTEMA DE GESTÃO DA INFORMAÇÃO DAS INSTALAÇÕES DE CARGA

A gestão eficiente das instalações de carga é crucial para o bom funcionamento de um aeroporto internacional como o Aeroporto Internacional Hazrat Shahjalal (HSIA) em Dhaka. A presente secção apresenta uma panorâmica do Sistema de Gestão da Informação (IMS) para o Complexo de Carga de Importação e para a Aldeia de Carga de Exportação no HSIA, destacando o seu significado, componentes, benefícios, desafios e perspectivas futuras.

5.1 Práticas de trabalho para a importação e exportação de carga nas instalações de carga do HSIA

5.1.1 A Biman Bangladesh Airlines Ltd é o agente de handling para as operações de transporte aéreo comercial (nacional e internacional) no HSIA. O fluxograma das operações de carga de importação mostra o processo exato, passo a passo, do tratamento da carga e dos documentos no complexo de carga de importação (apêndice A). Do mesmo modo, o diagrama de fluxo das operações de carga de exportação mostra o processo exato, passo a passo, do tratamento da carga e dos documentos na zona de carga de exportação (apêndice B).

Figura 5.1 Equipamento de movimentação de cargas e passageiros

SL. NR.	Instalações necessárias	Disponibilidade de serviços
1.	Apoio terrestre	J
2.	Rastreio	J
3.	Segurança	J
4.	Medição de peso/volume e dimensões	J
5.	Segurança e EPI	J
6.	Scanners	J
7.	ULD ativo	J
8.	Entrega e recolha	x
9.	Câmaras frigoríficas e congeladores Áreas de manuseamento com temperatura controlada	S Complexo de Carga de Importação x Aldeia de Carga de Exportação
10.	Bonecas e camiões	V
11.	Pré-arrefecimento e equipamento térmico	x
12.	Zonas de construção/desmantelamento	V
13.	Áreas de trabalho gerais	x Instalações de pátio dedicadas S (Demasiado congestionado)
14.	Armazenamento temporário para ULDs e carga solta	J
15.	Capacidades de animais vivos	Parcial
16.	Sistemas de gestão de carga/armazém	Manual
17.	Rastreio de carga e correio, e relatórios.	Manual
18.	Instalações de última geração no Terminal de Carga	Parcial

19.	Serviços logísticos integrados de ponta a ponta	x
20.	Estações de carga aérea e parques logísticos de carga aérea	x
21.	Comércio eletrónico de carga aérea	J
22.	Sistema especializado de manuseamento de carga aérea	J
23.	Processos automatizados	X
24.	Manuseamento eficaz de carga aérea farmacêutica	J

Quadro 5.1 Serviços e instalações de assistência

5.1.2 Procedimentos de manuseamento e entrega de carga importada

1.   Em primeiro lugar, a carga recebida do avião (juntamente com a carta de porte aéreo e o manifesto de carga).

2.   Em seguida, são segregadas, selecionadas e armazenadas no armazém pelo operador de carga terrestre (BBAL).

3.   De acordo com o AWB, o destinatário é informado/ O destinatário dirige-se à agência de carga.

4.   O destinatário/o seu agente C&F autorizado recolhe a AWB e dirige-se à autoridade aduaneira.

5.   As alfândegas atribuem um número de rotação, examinam as mercadorias para verificar se existem impostos/isenção/mercadorias não autorizadas.

6.   Após verificação, a autoridade aduaneira autoriza a autorização de saída das mercadorias.

7.   No parque de carga (Importação), após o pagamento das despesas de manuseamento ou de armazenamento (se for caso disso), as mercadorias são entregues ao agente.

8.   O agente da C& F encarregar-se-á de organizar o transporte para além do aeroporto.

5.1.2.1 Funcionamento do BBAL

Verificação de voo -> Armazenamento de carga -> Manuseamento de carga -> Entrega de carga

5.1.2.2 Partes envolvidas

1.   CAAB 2. Divisão de Segurança da BBAL 3. Divisão de Carga da BBAL 4. Autoridade aduaneira 5. Quarentena vegetal 6. Quarentena animal 7. Outras autoridades competentes dos ministérios em causa

5.1.2.3 Pontos de controlo de acesso

1.   Lado terra (portão de entrada principal)

2.   Portões de entrega (Portão A, Portão B, Portão C)

3.   Área de armazenamento

4.   Armazéns

I.   Armazém principal 01 e 02 (sala forte, armazém farmacêutico, câmara frigorífica, trânsito de mercadorias, armazém DG)

II.   BGMEA Godown

III.   Armazém de eliminação

IV.   Área de cobertura

5.1.3 Procedimentos de manuseamento e entrega da carga de exportação

1.   Em primeiro lugar, a carga exportável tem de ser entregue no Export Cargo Village, juntamente com o seguinte:

I.   Carga bem embalada e marcada com etiquetas.

II.   Fatura.

III.   Lista de embalagem.

IV.   Certificado de desalfandegamento para exportação.

V.   Passe de porta mencionando o número AWB.

2.   A carga será recebida na área de aceitação pela BBAL, onde os artigos serão medidos e a AWB será preparada.

3.   O agente FF enviará então todos os documentos às alfândegas para o desalfandegamento final e os pagamentos , etc.

4.   Ao receber o desalfandegamento final da alfândega, a carga será digitalizada por uma máquina de digitalização Duel view (num total de 6) e, para os países da UE, por uma máquina EDS (num total de

2).

Após o controlo da carga, esta é enviada para a área de carregamento para exportação.

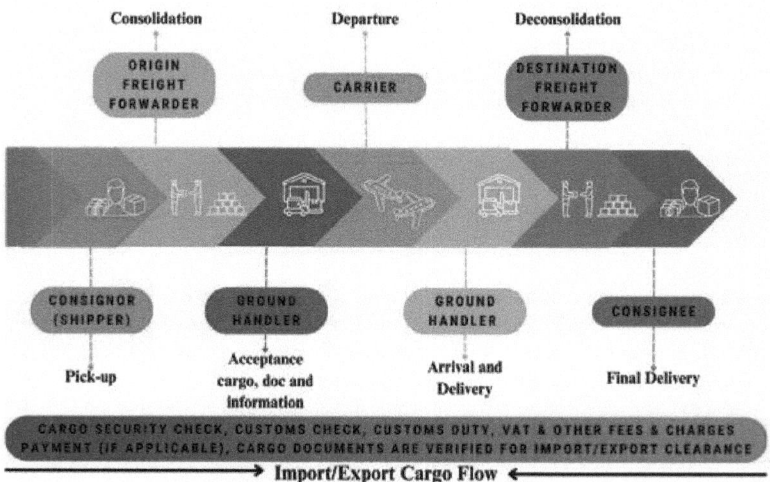

Figura 5.2 Síntese do movimento de carga aérea

Fluxo da cadeia de abastecimento da carga aérea para envios regulares e expresso Expedidor (remetente) ➜ Transitário / Transportador aéreo expresso (origem) ➜ Aeroporto ➜ Aeronave ➜ Aeroporto ➜ Transitário / Transportador aéreo expresso (destino) ➜ Destinatário (destinatário)

5.2 Importância do IMS para as instalações de carga

Um IMS eficaz agiliza as operações de carga, aumenta a transparência e melhora a comunicação entre as partes interessadas, incluindo os operadores de carga, as autoridades aduaneiras, as companhias aéreas e os transitários. Garante o processamento atempado, o rastreio exato e o manuseamento seguro da carga de importação e exportação.

Figura 5.3 Digitalização da operação de carga e da gestão de armazéns

Figura 5.4 Automatização na movimentação de cargas

5.3 Componentes do IMS para cargas de importação e exportação

O IMS para as instalações de carga no HSIA inclui as seguintes componentes

Figura 5.5 Componentes do IMS para cargas de importação e exportação

a. **Sistema de rastreamento de carga:** Um sistema de localização em tempo real que permite às partes interessadas monitorizar o movimento e o estado da carga desde o momento em que chega ao aeroporto até ao seu destino final.

b.   Gestão de documentação: Uma plataforma digital para gerir documentos relacionados com a carga, incluindo declarações aduaneiras, manifestos de embarque e certificados de origem.

c.   Integração aduaneira: Integração com os sistemas das autoridades aduaneiras para facilitar os processos de desalfandegamento automatizados, reduzindo a burocracia e os tempos de processamento.

d.   Gestão de inventário: Um sistema para monitorizar os níveis de inventário, assegurando uma atribuição eficiente do espaço de armazenamento e minimizando o congestionamento nos terminais de carga.

e.   Análise de dados: Utilizar a análise de dados para identificar tendências, otimizar operações e tomar decisões informadas relativamente ao manuseamento da carga e à atribuição de recursos.

f.   Canais de comunicação: Canais de comunicação em linha que permitem às partes interessadas trocar informações, coordenar expedições e resolver problemas em tempo real.

5.4 Benefícios do IMS para instalações de carga

A implementação eficiente do IMS nas instalações de carga da HSIA oferece as seguintes vantagens:

a.   Eficiência melhorada: Os processos automatizados e o acompanhamento em tempo real reduzem a intervenção manual, levando a um desembaraço e entrega mais rápidos da carga.

b.   Precisão melhorada: A documentação digital e a captura de dados minimizam os erros nas informações sobre a carga e nas declarações aduaneiras.

c.   Transparência: As partes interessadas podem aceder a informações sobre a carga em tempo real, promovendo a transparência e a responsabilidade no manuseamento da carga.

d.   Redução de custos: A otimização da atribuição de recursos, a redução dos tempos de permanência da carga e a simplificação dos processos conduzem à redução de custos para os operadores e para os clientes.

e.   Percepções baseadas em dados: A análise de dados fornece informações valiosas sobre o desempenho operacional, permitindo a tomada de decisões informadas e a melhoria dos processos.

5.5 Desafios e considerações

A implementação e a manutenção de um IMS eficaz para as instalações de carga podem enfrentar desafios como

a.   Integração tecnológica: Assegurar uma integração perfeita dos vários sistemas e plataformas das partes interessadas.

b.   Segurança de dados: Proteger a carga sensível e as informações dos clientes contra ameaças cibernéticas e acesso não autorizado.

c.   Formação: Fornecer formação ao pessoal e às partes interessadas para utilizarem eficazmente o IMS e maximizarem os seus benefícios.

d.   Conformidade regulamentar: Cumprir as normas e os regulamentos internacionais relativos ao manuseamento e à documentação da carga.

e.   Escalabilidade: Conceber o IMS para acomodar volumes de carga crescentes e futuros avanços tecnológicos.

5.6 Perspectivas futuras

Para garantir a melhoria contínua do IMS para as instalações de carga no HSIA, é essencial

a.   Abraçar os avanços tecnológicos: Mantenha-se atualizado com as tecnologias emergentes, como blockchain e IoT, para melhorar ainda mais os processos de gestão de carga.

b.   Colaborar: Promover a colaboração entre as partes interessadas para enfrentar os desafios e melhorar coletivamente as operações de carga.

c.   Partilha de dados: Explorar opções para a partilha segura de dados com as autoridades competentes e parceiros da indústria para acelerar os processos de autorização.

d.   Sustentabilidade: Implementar práticas respeitadoras do ambiente, como a documentação digital, para reduzir a utilização de papel e promover a sustentabilidade.

Um sistema robusto de gestão da informação para as instalações de carga de importação e exportação no Aeroporto Internacional Hazrat Shahjalal é imperativo para operações de carga eficientes, melhor comunicação com as partes interessadas e maior satisfação do cliente. Ao enfrentar os desafios, abraçar a inovação e manter uma abordagem centrada no cliente, o HSIA pode estabelecer-se como um centro líder para a gestão da carga na região.

CAPÍTULO 06

GESTÃO DE CONCESSÕES AEROPORTUÁRIAS

O Aeroporto Internacional Hazrat Shahjalal (HSIA) é o principal aeroporto internacional do Bangladesh, situado em Dhaka. Funciona como uma porta de entrada vital para os viajantes nacionais e internacionais. Para melhorar a experiência dos passageiros e gerar receitas adicionais, o aeroporto tem uma gama diversificada de concessões, incluindo pontos de venda a retalho, estabelecimentos de alimentação e bebidas, salas de espera e vários outros serviços.

6.1 Prática de trabalho para a gestão de concessões no HSIA

A CAAB supervisiona as concessões nos terminais HSIA (Terminal-1, Terminal-2, Terminal Doméstico, Terminal VVIP e Terminal de Carga), bem como todas as concessões de todos os outros aeroportos do Bangladesh.

As concessões no âmbito da CAAB são normalmente atribuídas através de um processo de concurso lançado pela CAAB. Basicamente, não é utilizado o método anterior de proposta de concurso, mas sim propostas diretas apresentadas por empresas/negócios ao Departamento de Operações e Planeamento da CAAB. Em seguida, são feitas verificações exaustivas dos antecedentes, são verificados os registos, a CAAB decide se esse tipo de concessões é necessário ou não e, finalmente, com a aprovação de pessoal específico da CAAB ou de funcionários designados, são emitidos contratos de concessão e o espaço é entregue aos concessionários. Agora, o concessionário aprovado pode personalizar o seu espaço em conformidade, mas com a autorização da CAAB. A renda é fixada pela CAAB e, para as grandes empresas, há um aumento anual de 2,5% da renda, que também é revisto periodicamente.

6.2 Visão geral da gestão de concessões

1. **Concessões de retalho:** O aeroporto alberga uma variedade de lojas de retalho que oferecem artigos isentos de impostos, artigos de luxo, produtos electrónicos e recordações. Estas concessões satisfazem as diversas necessidades e preferências dos viajantes, tornando o seu tempo de espera mais agradável.

2. **Concessões de alimentos e bebidas:** O HSIA dispõe de uma vasta gama de opções de restauração, incluindo cozinha internacional e local. Desde estabelecimentos de serviço rápido a restaurantes com mesa, estas concessões asseguram que os passageiros têm acesso a uma variedade de opções de refeições.

3. **Salas de espera:** Os lounges premium oferecem aos viajantes um espaço para relaxar, trabalhar ou refrescar-se antes dos seus voos. Estes lounges oferecem frequentemente assentos confortáveis, bebidas gratuitas, Wi-Fi e outras comodidades.

4. **Serviços:** Vários serviços, como câmbio de moeda, instalações de spa, agências de viagens e outros, estão disponíveis para atender às necessidades dos passageiros.

6.3 Importância de uma gestão eficaz das concessões

1. **Experiência do passageiro:** As concessões bem geridas melhoram a experiência global dos passageiros, proporcionando-lhes comodidade, entretenimento e descontração durante a sua estadia no aeroporto.

2. **Geração de receitas:** As receitas não aeronáuticas, geradas através de concessões, desempenham um papel crucial na compensação dos custos de funcionamento do aeroporto. Estas receitas contribuem para a sustentabilidade financeira do aeroporto.

3. **Atrair as companhias aéreas:** Uma área de concessão bem concebida pode tornar o aeroporto mais atrativo para as companhias aéreas, uma vez que aumenta a atratividade geral do aeroporto, conduzindo potencialmente a um aumento das rotas e frequências de voo.

4. **Imagem de marca:** As concessões, especialmente as opções de retalho e de restauração de alta qualidade, contribuem para a imagem de marca e a reputação do aeroporto, criando uma perceção positiva entre os passageiros.

6.4 Desafios e considerações

1. **Concorrência:** Com o crescimento do sector da aviação, os aeroportos têm de competir para atrair concessionários de qualidade e oferecer ofertas únicas.

2. **Alterar as preferências dos consumidores:** As ofertas de concessões precisam de se adaptar à evolução das preferências dos consumidores e às tendências de viagem, assegurando que as ofertas

permanecem relevantes e apelativas.

3. **Coordenação operacional:** A gestão eficaz da concessão exige a coordenação entre os vários intervenientes, incluindo as autoridades aeroportuárias, os concessionários e as entidades reguladoras.

4. **Regulamentos e normas:** As concessões devem respeitar as normas de segurança, qualidade e higiene, frequentemente estabelecidas pelas autoridades reguladoras locais e da aviação.

6.5 Considerações

6.5.1 Fator de serviço aeroportuário

1. Número de passageiros
2. Movimento de aeronaves
3. Quantidade de carga

6.5.2 Factores financeiros

1. Montante das receitas não aeronáuticas
2. Montante das receitas aeronáuticas
3. Montante das receitas operacionais
4. Montante das receitas não operacionais

6.5.3 Posição de concessão na HSIA

1. Terminal 1
2. Terminal 2
3. Entre os terminais 1 e 2
4. Terminal doméstico
5. Abaixo da ponte de embarque
6. Complexo de carga de importação
7. Aldeia de carga de exportação
8. Cabide
9. BFCC
10. 3.°Terminal (no futuro)
11. Novas ECT/ICT (no futuro)

A gestão eficaz da concessão no Aeroporto Internacional Hazrat Shahjalal melhora a experiência dos passageiros, gera receitas e contribui para o sucesso global do aeroporto. Ao adaptar-se continuamente às preferências dos passageiros e ao manter ofertas de alta qualidade, o aeroporto pode manter uma imagem de marca positiva e apoiar as suas operações de forma sustentável. É essencial que as autoridades aeroportuárias colaborem estreitamente com os concessionários e estejam atentas às tendências do sector para garantir o sucesso contínuo das suas estratégias de gestão das concessões.

CAPÍTULO 07

PRINCIPAIS CONCLUSÕES E DEBATES

7.1 O relatório salienta os papéis cruciais que o Sistema de Gestão de Informação das Instalações de Carga e a Gestão de Concessões Aeroportuárias desempenham no funcionamento global da HSIA. As recomendações apresentadas fornecem um roteiro para melhorar a eficiência das operações de carga, a experiência dos passageiros, a geração de receitas e a sustentabilidade. Ao implementar estas estratégias, a HSIA pode posicionar-se como um centro líder de gestão de carga e de ofertas de concessões, promovendo o crescimento e a excelência no sector da aviação.

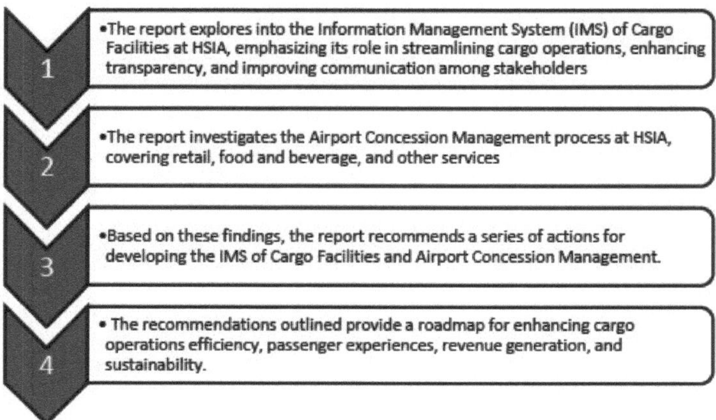

-O relatório analisa o sistema de gestão da informação (IMS) das instalações de carga no HSIA, salientando o seu papel na racionalização das operações de carga, no reforço da transparência e na melhoria da comunicação entre as partes interessadas

-O relatório investiga o processo de gestão de concessões aeroportuárias no HSIA, abrangendo os serviços de retalho, alimentação e bebidas e outros serviços

Com base nestas conclusões, o relatório recomenda uma série de acções para desenvolver o SGI das instalações de carga e da gestão das concessões aeroportuárias.

As recomendações apresentadas fornecem um roteiro para melhorar a eficiência das operações de carga, a experiência dos passageiros, a geração de receitas e a sustentabilidade.

Figura 7.1 Lista da síntese das principais conclusões e discussões do relatório.

7.2 Tipos de carga manuseada nas instalações de carga do HSIA

TYPE OF CARGO

TIPO DE CARGA

Vestuário pronto a vestir exportado	Tecidos importados e artigos de vestuário
Artigos	Acessórios
Couro e artigos de couro	
Artesanato	Equipamento de telecomunicações
Medicina	Matéria-prima farmacêutica
Alimentos secos	Materiais e produtos químicos
Legumes e frutas frescas	Telemóveis, computadores e acessórios
Caranguejos e enguias vivos	Bens pessoais
Peixe congelado	

AUTORIDADE DA AVIAÇÃO CIVIL DO BANGLADESH

Figura 7.2 Tipo de carga

> Carga valiosa *J*	> Carga altamente perecível
> Bagagem não acompanhada *J*	> Correio Diplomático *S*
> Restos humanos (HUM) *S*	> Correio postal *S*
> Vulnerável	> Armas e munições *J*
> Carga pesada/dimensionada (HEA) *J*	> Animais vivos *S*
> Expedição sensível à temperatura	> Carga pesada e volumosa
> Courier *S*	> Carga em consola
> Mercadorias perigosas *J*	> Material médico *J*
> Carga geral *J*	> Órgãos humanos vivos *J*
> Carga perecível *J*	> Remessas expresso/por correio expresso *J*
> Carga seca *J*	> Jornais, revistas e material de imprensa *J*
> Interline Cargo *S*	
> Carga de transferência/trânsito [x]	> Outra carga especial *J*
	> Peças sobressalentes AOG (Aeronaves em terra) *J*

Quadro 7.1 Tipos de carga manuseados nas instalações de carga do HSIA

7.3 Tipos de ULD utilizados para o manuseamento de carga nas instalações de carga do HSIA

ULD	DIMS	Capacidade de peso Inc. Tara Peso	Tara
P1P (Palete)	125 "x88 "x64"	4626 kg	105 Kg
PMC (palete)	125 "x96 "x64"	6804 kg	120 kg
LD6(ALF)	125 "x60,4 "x64"	3175 kg	120 kg

| Meia palete | 125 "x60,4 "x64" | 3175 kg | 91 kg |
| LD3(Contentor) | 60,4 "x61,5x64" | 1587 kg | 82 Kg |

Quadro 7.2 Tipos de ULD utilizados para o manuseamento de carga nas instalações de carga do HSIA

7.4 Armazém de carga existente

O edifício do terminal de carga no HSIA está dividido em armazém de carga para importação e exportação. Ambos são edifícios de um piso. A área total de cada edifício é apresentada no quadro

CARGA EXISTENTE
INSTALAÇÃO DE ARMAZENAGEM

O edifício do terminal de carga no HSIA está dividido em armazém de carga para importação e exportação. Ambos são edifícios de um piso. A área total de cada edifício é apresentada no quadro

Instalações	Área
Armazém de exportação	1,98,000 sft. (L: 460 FT X W: 430FT)
Armazém de importação	1,58,000 sft. (L: 450 FT X W: 350 FT)

Desmontagem da carga (entrega) & Carga Acumulação de carga (expedição)

Facility	Area
Export Warehouse	1,98,000 sft. (L: 460 FT X W: 430FT)
Import Warehouse	1,58,000 sft. (L: 450 FT X W: 350 FT)

Cargo Breakdown (Delivery) & Cargo Build Up (Dispatch)

7.4.1 Armazém de importação

O entreposto de importação está dividido em duas partes, o entreposto 1 e o entreposto 2. Basicamente, o funcionário aduaneiro, o agente do CNF (despachante aduaneiro) e o pessoal da Biman só estão autorizados a entrar nas instalações. Existem 4 prateleiras, um frigorífico e uma sala de armazenamento para objectos de valor (sala forte), produtos farmacêuticos e mercadorias perigosas. As portas de saída são as portas 1-3, para mercadorias tributáveis e não tributáveis separadamente, e a porta 8, aberta 24 horas por dia, para a entrega de produtos perecíveis, aves e animais de grande porte como girafas, objectos de valor e armas, etc. Existem duas zonas de cobertura onde são guardadas grandes quantidades de carga. Existem 4 câmaras frigoríficas no armazém de importação com diferentes níveis de temperatura. O fluxograma de funcionamento da carga de importação (Complexo de Carga de Importação, HSIA) da BBAL é anexado ao presente relatório como (Anexo A)

ENTREPOSTO DE IMPORTAÇÃO
Principais limitações e problemas

- Mercadorias a céu aberto há muito tempo devido à falta de espaço disponível.
- Encontrar bens é um assunto difícil
- Atrasos na prestação de serviços públicos
- Não existe um sistema de acompanhamento em tempo real
- Sem notificação eletrónica ou mensagens
- Assédio público
- Não há transparência no trabalho
- Erros humanos
- Não há canal de comunicação de janela única
- Sem sistema de imagiologia em tempo real
- Não há captura automática de dados e de identificação
- Manuseamento incorreto da carga
- Sem sistema de controlo operacional em tempo real
- Casos criminais como - branqueamento de capitais, evasão fiscal, roubo de bens

Figura 7.3 Principais limitações e problemas do armazém de importação

Basicamente, os funcionários aduaneiros e o pessoal da Biman só deveriam ser autorizados a entrar nas instalações. Mas, na prática atual, o agente do CNF (despachante aduaneiro) também tem acesso.

- Existem 4 prateleiras, um frigorífico e uma sala de armazenamento de valores (sala forte), produtos farmacêuticos e mercadorias perigosas.

- As portas de saída são as portas 1-3 para os produtos tributáveis e não tributáveis separadamente.

- A porta 8 está aberta 24 horas para é entrega de produtos perecíveis, aves e animais de grande porte como a girafa, objectos de valor e armas, etc.

- Existem duas zonas de cobertura onde é guardada uma grande quantidade de carga.

- 4 Estão disponíveis instalações de refrigeração no entreposto de importação com diferentes gamas de temperatura.

2   .4.2 Armazém de exportação
O armazém de exportação está dividido em duas partes, uma denominada área "RA3" e outra denominada área "Comum". Na zona RA3, estão instalados EDS (Sistema de Deteção de Explosivos) ou EDD (Cão de Deteção de Explosivos) do sistema de segurança ocidental avançado de alto nível, onde trabalha pessoal qualificado.

3   O Rapiscan 638DV está instalado na zona RA3. A carga destinada à UE não necessita de ser descarregada e verificada novamente no país de escala. Basicamente, 8 posições são utilizadas para o acondicionamento de ULD e os restantes 2/3 posições são utilizados para o acondicionamento no solo. No armazém de exportação, o controlo de segurança é efectuado rigorosamente pela seguinte ordem:
- Entrar do exterior para o armazém
- Entrar na zona de carga limpa (zona comum e depois zona RA3)
- Entrar na área da rampa a partir da área de carga limpa

Na zona comum, a carga de mais de 30 companhias aéreas é manuseada num espaço estreito. Depende da estação do ano e do horário de funcionamento, mas normalmente está muito congestionado e é difícil garantir espaço para a construção de ULD. Existem 5 máquinas de leitura de raios X.

Fluxograma de exportação de carga (Apêndice B)

Principais limitações e problemas
ARMAZÉM DE EXPORTAÇÃO

Acesso não obtido da BAFA.
Não há instalações de manutenção para as máquinas L3 e MV3D.
Nenhuma gestão específica de redução de poeiras

7.5 Expedidor Transitário GHA Exportação Alfândega Companhia Aérea Parceiro Interline Importação Alfândega GHA Transitário Destinatário, Despachantes Aduaneiros, Comprador, Vendedor, Transitários e fornecedores de logística, Assistentes de terra, Operador designado, Operador de aeroporto, Operadores de aeronaves, Transportadores expresso, Agentes regulamentados, Expedidores conhecidos, Rastreio, Declaração de segurança da remessa (CSD), Quadro regulamentar da OMA, Procedimentos integrados de controlo aduaneiro, Digitalização e gestão da informação, Informação antecipada, Alinhamento dos programas de segurança aduaneira e da aviação, Informação antecipada sobre a carga antes do carregamento (PLACI)

7.6 De acordo com o Acordo Anual de Desempenho do CAAB (APA) 2023-24, o CAAB e o MoCAT, em conjunto, pretendem atingir a capacidade de transporte de 14,634 milhões de passageiros e 5 lakh toneladas métricas de mercadorias até 2025 através de todos os aeroportos internacionais e domésticos do Bangladesh. Aqui, o Resultado/Impacto deste projeto ou trabalho em que os Indicadores de Desempenho são o Transporte de Passageiros (em milhões) e o Transporte de Carga (Lakh toneladas métricas). Agora, a realização real para 2021-22 e 2022-23, o nível-alvo para 2023-24 e a previsão/projeção para 2024-25 e 2025-26 são apresentados na figura abaixo.

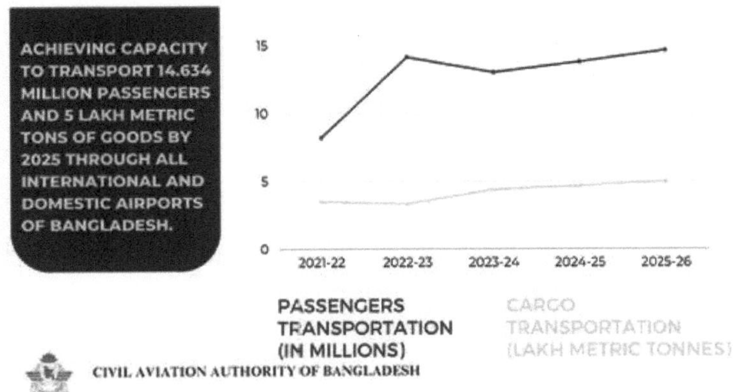

Figura 7.4 Previsão de desempenho da CAAB

O CAAB desempenha um papel fundamental na regulamentação, gestão e supervisão de vários aspectos do sector da aviação, incluindo as suas relações com as companhias aéreas e outras empresas envolvidas nas operações aeroportuárias. Esta coordenação garante a segurança, a eficiência e a qualidade global dos serviços de aviação prestados aos passageiros e à comunidade em geral.

7.7 Factores de avaliação do processo de movimentação de carga (a partir de entrevistas de interceção e análise de dados secundários)

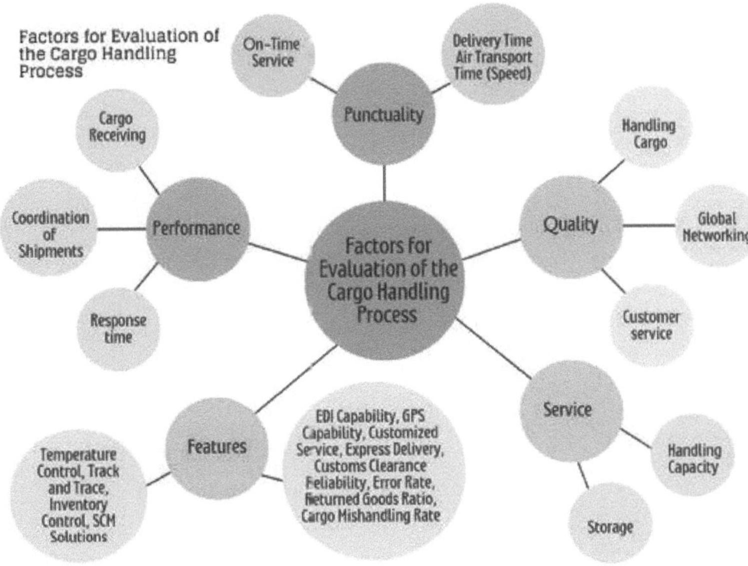

Figura 7.5 Factores de avaliação do processo de movimentação de carga.

7.8 Alguns outros indicadores de desempenho

1. Consistência na conformidade da cobertura	2. Atraso imprevisto	3. Oportunidade de tratamento	4. Atraso imprevisto da companhia aérea
5. Exatidão documental	6. Danos ou perdas	7. Capacidade de serviço	8. Capacidade de resposta à

			embalagem e reembalagem
9. Acessibilidade	10. Contentorização	11. Problemas imprevistos	12. Etiquetagem Serviços especiais de manuseamento
13. Cortesia	14. Velocidade de recuperação	15. Qualidade percebida	16. Reputação do serviço
17. Número de veículos	18. Localização ou cobertura	19. Cobertura e frequência	20. Capacidade de armazenamento
21. Sistema informático atualizado	22. Número de aeronaves		

Tabela 7.3 Indicadores de desempenho

7.8 A relação entre a CAAB (Autoridade da Aviação Civil do Bangladesh) e as companhias aéreas no HSIA (Aeroporto Internacional Hazrat Shahjalal) envolve vários pontos de negócio, incluindo a gestão do aeroporto, os serviços imobiliários, as concessões de retalho e os serviços aos passageiros. Eis uma panorâmica da forma como a CAAB interage com as companhias aéreas e outras partes interessadas nestas áreas:

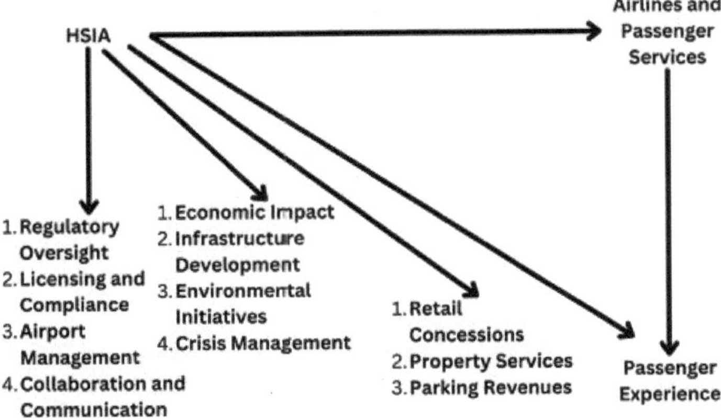

Figura 7.6 Interações da CAAB com as companhias aéreas e outras partes interessadas no HSIA

7.10 Descrição das aplicações para a inovação IMS na aviação, incluindo desafios e soluções regulamentares (tendências tecnológicas que revolucionam as instalações de carga aérea)

A aviação encontra-se num momento emocionante da história, em que os avanços tecnológicos e outras inovações estão a abrir muitas novas fronteiras. A gestão organizacional adaptativa e a criação de uma cultura de inovação são uma necessidade. Isto levará a que as aeronaves sejam cada vez mais utilizadas para proporcionar benefícios sociais e económicos, para além dos gerados pelo transporte de passageiros e de carga. Aumentará a produtividade e a eficiência operacional e aumentará a capacidade de resposta aos clientes.

> MHS (Sistema de manuseamento de materiais)
> ETV (veículos de transferência elevados)
> ULD/Palete
> ASRS (Automatic Storage Rack System)
> Raio X (para pequenas embalagens)
> Raio X (para embalagens grandes)
> Radiografia (por encomenda)
> Radiografia (para o pessoal)
> Congelador/frigorífico
> Estações de trabalho elevatórias
> Nivelador de docas
> Mesa elevatória de docas
> Balança de chão
> CMS (Sistema de Gestão de Carga)
> RMS (Sistema de gestão de bastidores)
> TRS (Truck Control System)
> Empilhador
> Etiqueta e carrinho Garfo de mão
> Armazéns de estantes altas totalmente automatizados
> Veículos automatizados e ecológicos que navegam de forma autónoma nas instalações

> Funcionários equipados com ferramentas, incluindo Inteligência Artificial (IA) e Realidade Aumentada (RA)
> Capacitar os empregados para serem mais eficientes
> A próxima geração de instalações de carga com tecnologia avançada
> Realidade aumentada e vestíveis
> Drones e veículos autónomos
> Robótica e sistemas automatizados
> Big Data / Previsão / Inteligência artificial / Aprendizagem profunda
> Iot, carga e dispositivos conectados
> Edifícios verdes, sustentáveis, Net Zero
> Integração tecnológica da próxima geração de serviços do lado ar/do lado terra, tais como -
> Automatização do armazém de carga de importação/exportação
> Sistemas comunitários de dados aeroportuários
> Rastreio da bagagem dos passageiros
> Cibersegurança
> Análise forense de dados
> Melhoria do armazenamento de dados inteligente e seguro.
> Integração da tecnologia IoT/ Next-Gen no armazém de carga de importação e exportação.
> Serviços de sacos de passageiros.
> Comunidade de dados das partes interessadas do aeroporto.
> Processo de controlo das mercadorias pelas alfândegas.
> Tráfico digital.
> Terminal virtual para demonstração das operações AVSEC.
> Sistema de som inteligente e inteligente para o público.
> Laboratório RND da aviação.
> Porta única IN-OUT.
> Registos de deveres AVSEC.
> Rastreio de IA.
> Navegação com IA.
> Carrinhos de bagagem autónomos.
> Implementação da inovação no sector da aviação
> Desafios e oportunidades da Inteligência Artificial (IA) na aviação
> Gémeos digitais
> Autenticação biométrica
> Pagamentos sem contacto
> Internet da logística
> Intercâmbio de dados baseado na Web (ONE Record), IATA
Intercâmbio de dados baseado na Web (ONE Record) Servidor de dados IoT local (Expedidor)
Plataforma de dados IoT baseada na Web (Expedidor)
(transitário) Expedidor GHA Partida Companhia aérea GHA Chegada
Transitário Chegada^ Destinatário Identidade Autenticação Prestador
A segurança do ONE Record assenta em três componentes:
> Identificação
> Autenticação
> Autorização
> Validação remota de instalações inteligentes (IATA)
A validação remota de instalações inteligentes avalia o equipamento e a infraestrutura das instalações de movimentação de carga (CHF) de uma forma rápida, económica e fácil.
Localização das instalações e acesso ao aeroporto Equipamento e infraestrutura das instalações Apoio em terra, rastreio, segurança, medição de peso/volume e dimensões, segurança e EPI, scanners, ULD

ativo, entrega e recolha Controlo da temperatura Áreas de trabalho e armazenamento temporário Capacidades de animais vivos Controlo veterinário, fitossanitário e de pragas Capacidades do sistema eletrónico Sistemas de gestão de carga/armazém

51

CAPÍTULO 08

CONCLUSÃO E RECOMENDAÇÕES

8.1 Sistema de gestão da informação (plano de ação)
Desenvolvimento de um sistema de gestão da informação para as instalações de carga no Aeroporto Internacional Hazrat Shahjalal
Aeroporto Internacional de Hazrat Shahjal, Dhaka

Objetivo: *Aumentar a eficiência das operações de carga através da implementação de um sistema avançado de gestão da informação (IMS) para a carga de importação e exportação no HSIA.*

Plano de ação (fase por fase):	Developing IMS for Cargo Facilities (Action Plan)
	1 Needs Assessment and Requirements Gathering 8 Rollout and Full Implementation 2 Technology Selection and Vendor Evaluation 9 Monitoring and Performance Evaluation 3 System Design and Customization 10 Continuous Improvement and Upgrades 4 Data Migration and Integration 11 Communication and Collaboration 5 Training and Capacity Building 12 Compliance and Regulation Adherence 6 Pilot Implementation and Testing 13 Sustainability Considerations 7 Data Security and Privacy Measures

Fase 01. Avaliação das necessidades e recolha de requisitos:

- O CAAB deve efetuar uma avaliação exaustiva das necessidades para compreender o atual fluxo de trabalho das operações de carga, os pontos problemáticos e as áreas que exigem melhorias.
- Neste contexto, o CAAB deve colaborar com os operadores de carga (BBAL e outros), as autoridades aduaneiras, as companhias aéreas, os transitários e outras partes interessadas, a fim de recolher os seus contributos e requisitos para o IMS.

Etapa 02. Seleção de tecnologias e avaliação de fornecedores:

A CAAB deve avaliar os potenciais fornecedores com base no seu historial, capacidades do sistema, opções de personalização, medidas de segurança dos dados e compatibilidade com os sistemas existentes.

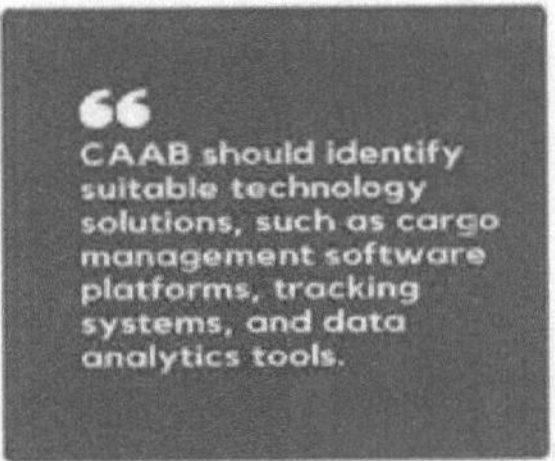

Etapa 03. Conceção e personalização do sistema:

O CAAB deve assegurar uma integração perfeita com outros sistemas relevantes, tais como as plataformas das autoridades aduaneiras
aduaneiros (ASYCUDA WORLD) e os sistemas de gestão da carga das companhias aéreas (OWN CUSTOMIZED) e a plataforma BBAL (CARGOSPOT, CHAMP Cargosystems) para a carga em terra manuseamento.

Etapa 04. Migração e integração de dados:

• A CAAB deve desenvolver um plano de migração dos dados de carga existentes para o novo IMS, assegurando simultaneamente a exatidão e a integridade dos dados.

• O CAAB poderia estabelecer protocolos de integração com os sistemas das autoridades aduaneiras para facilitar os processos de desalfandegamento automatizados.

Etapa 05. Formação e reforço das capacidades:

• O CAAB pode fornecer formação interna abrangente, bem como formação ao pessoal da HSIA e às partes interessadas relevantes sobre a forma de utilizar eficazmente o novo IMS.

• A CAAB deve oferecer apoio contínuo e sessões de formação de reciclagem, conforme necessário, para garantir que todos os utilizadores sejam proficientes na utilização do sistema.

Fase 06. Implementação e teste piloto:

• O CAAB pode instruir o fornecedor ou prestador de serviços selecionado para realizar uma implementação-piloto do IMS numa escala limitada, a fim de identificar eventuais falhas técnicas, problemas de experiência do utilizador ou desafios de fluxo de trabalho.

• O CAAB poderia recolher as reacções dos utilizadores durante a fase-piloto e fazer os ajustamentos necessários com base nas suas contribuições.

Etapa 07. Medidas de segurança e privacidade dos dados:

A CAAB deve aplicar medidas sólidas de segurança dos dados, incluindo cifragem, controlos de acesso e auditorias de segurança regulares, para salvaguardar informações sensíveis sobre a carga e os clientes.

Figura 8.1 Medidas de segurança e privacidade dos dados

Fase 08. Lançamento e implementação completa:

• Quando o IMS estiver completamente testado e aperfeiçoado, a CAAB poderá decidir implementá-lo em grande escala nas operações de carga de importação e exportação.

• Neste caso, a CAAB deve assegurar uma comunicação e formação adequadas a todas as partes interessadas envolvidas nas operações de carga.

Etapa 09. Monitorização e avaliação do desempenho:

• A CAAB poderia estabelecer indicadores-chave de desempenho (KPI) para medir a eficácia do IMS em termos de ganhos de eficiência, redução dos tempos de processamento e melhoria da exatidão.

• Devem monitorizar regularmente estes indicadores-chave de desempenho e efetuar avaliações de desempenho para identificar as áreas que devem ser melhoradas.

Fase 10. Melhoria contínua e actualizações:

• O CAAB pode dar instruções ao fornecedor ou prestador de serviços selecionado para manter um ciclo de retorno de informação com os utilizadores e as partes interessadas, a fim de recolher informações e sugestões para melhorar o sistema.

• O fornecedor ou prestador de serviços selecionado deve planear actualizações e melhoramentos regulares do sistema para incorporar novas funcionalidades, avanços tecnológicos e melhores práticas da indústria.

Etapa 11. Comunicação e colaboração:

Desta forma, o CAAB poderia promover uma forte colaboração entre todas as partes interessadas envolvidas nas operações de carga, incentivando uma comunicação aberta e a partilha de conhecimentos e melhores práticas.

Etapa 12. Conformidade e adesão à regulamentação:

Mas, mais especificamente, a CAAB deve garantir que o IMS cumpre as normas e regulamentos internacionais relacionados com o manuseamento da carga, a segurança dos dados e os procedimentos aduaneiros.

Etapa 13. Considerações sobre a sustentabilidade:

O CAAB deve continuar a monitorizar a implementação de práticas ecológicas no âmbito do SGI, como a documentação digital e a redução da utilização de papel, para promover a sustentabilidade.

Seguindo este plano de ação abrangente, o Aeroporto Internacional Hazrat Shahjalal poderá desenvolver e implementar com êxito um sistema avançado de gestão da informação para as instalações de carga, melhorando a eficiência operacional, a exatidão dos dados e os processos globais de gestão da carga, tanto para a carga de importação como de exportação.

8.2 Gestão das concessões aeroportuárias (plano de ação)

Desenvolvimento da gestão da concessão aeroportuária no Aeroporto Internacional Hazrat Shahjalal, Daca	
Objetivo:	*Melhorar a experiência dos passageiros e gerar receitas através de uma gestão eficaz das concessões aeroportuárias.*
Plano de ação (fase por fase):	**Desenvolvimento da gestão das concessões aeroportuárias (plano de ação)**  **Developing Airport Concession Management (Action Plan)**
Considerações:	Estudos de mercado, serviços de planeamento de concessões (planeamento e análise, angariação de inquilinos e arrendamento, gestão de retalho e formação em serviço ao cliente), análise de dimensionamento, merchandising e planeamento de espaço, projecções financeiras, orçamento de capital e planeamento de transição.
Abordagem por amostragem	Preparação do plano de actividades comerciais/ Tema ✈ Documento de concurso ✈ Apresentação ✈ Decisão sobre o tipo de contrato ✈ Seleção do fornecedor/inquilino ✈ Renda ✈ Fixação ✈ Preparação do espaço ✈ Sistema de cobrança de receitas

Etapa 01. Avaliação e planeamento:

• Em primeiro lugar, a CAAB deve proceder a uma avaliação exaustiva da atual oferta de concessões, incluindo retalho, alimentação e bebidas, serviços e salas de espera.

- Em seguida, devem analisar os dados demográficos, as preferências e as tendências de viagem dos passageiros para identificar potenciais lacunas e oportunidades de melhoria.
- Por último, poderão desenvolver um plano estratégico que defina os objectivos, as metas e os prazos para melhorar o processo de gestão das concessões.

Etapa 02. Pesquisa e análise de mercado:

- A CAAB deve efetuar estudos de mercado para identificar potenciais novos concessionários e avaliar a sua adequação ao ambiente aeroportuário.
- Em seguida, devem analisar as ofertas de concessões dos concorrentes e identificar as melhores práticas que podem ser adoptadas no HSIA.
- Em seguida, devem dar prioridade às categorias de concessões que correspondem à procura e às preferências dos passageiros.

Etapa 03. Seleção da Concessionária e Contratos:

- A CAAB deve desenvolver critérios de seleção de concessionários claros e abrangentes, tendo em conta factores como a qualidade do produto, a experiência, a estabilidade financeira e a inovação.
- Devem convidar os potenciais concessionários a apresentarem propostas através de um processo de concurso transparente e competitivo.
- Poderão estabelecer acordos contratuais sólidos que definam as expectativas de desempenho, os modelos de partilha de receitas e o cumprimento das normas de segurança e qualidade.

Fase 04. Infra-estruturas e conceção:

- A CAAB deve planear a colaboração com arquitectos e designers para criar uma disposição atraente e funcional da área de concessão que maximize o fluxo de passageiros e a visibilidade.
- Devem garantir que o projeto se alinha com a marca do aeroporto e cria uma atmosfera coesa e convidativa.
- Por último, a CAAB poderia incorporar avanços tecnológicos, como a sinalização digital e os ecrãs interactivos, para melhorar a experiência de compras e de restauração.

Etapa 05. Oferta diversificada de concessões:

- A CAAB deve ter por objetivo oferecer uma gama diversificada de concessões para satisfazer os diferentes segmentos de passageiros, incluindo o luxo, o orçamento e as preferências culturais.
- Deve haver um equilíbrio entre as marcas internacionais e as empresas locais para promover um sentido de lugar e oferecer experiências únicas aos viajantes.

Etapa 06. Melhoria contínua:

- A CAAB deve estabelecer avaliações regulares do desempenho com os concessionários para avaliar o seu cumprimento das obrigações contratuais e as reacções dos clientes.
- Poderão implementar um mecanismo de feedback para que os passageiros forneçam informações sobre as suas experiências, permitindo ajustamentos e melhorias em tempo útil.
- Devem incentivar a inovação entre os concessionários para que introduzam ofertas novas e interessantes.

Etapa 07. Marketing e promoção:

- A CAAB deve desenvolver uma estratégia de marketing abrangente para promover as ofertas de concessões através de vários canais, incluindo plataformas digitais, sinalética aeroportuária e anúncios a bordo.
- Podem colaborar com as companhias aéreas para promover ofertas de concessões e criar pacotes especiais para os passageiros.
- Por último, devem organizar eventos e promoções que atraiam o tráfego de pessoas para as concessões durante as épocas altas de viagem.

Etapa 08. Formação e atendimento ao cliente:

- A CAAB deve dar formação ao pessoal das concessões para garantir um excelente serviço ao cliente, conhecimento dos produtos e capacidade de comunicação.
- Devem incentivar uma abordagem centrada no cliente entre os concessionários, centrada na

criação de experiências memoráveis para os passageiros.

Etapa 09. Monitorização e apresentação de relatórios:

• A CAAB deve implementar um sistema de controlo sólido para acompanhar os principais indicadores de desempenho, incluindo as receitas, o tráfego de passageiros e a satisfação dos clientes.

• Devem gerar e analisar relatórios diários, semanais, mensais, trimestrais e anuais que destaquem os sucessos, os desafios e as áreas a melhorar no processo de gestão da concessão.

Etapa 10. Adaptação e flexibilidade:

• A CAAB deve manter-se flexível na adaptação à evolução das preferências dos passageiros, às tendências do mercado e a factores externos que possam ter impacto na gestão da concessão.

• A CAAB deve rever regularmente o plano estratégico e efetuar os ajustamentos necessários para garantir o êxito a longo prazo.

Seguindo este plano de ação, a Autoridade da Aviação Civil do Bangladesh (CAAB) poderá desenvolver um processo de gestão de concessões de classe mundial no Aeroporto Internacional Hazrat Shahjalal, que melhore a experiência dos passageiros, gere mais receitas e contribua para o sucesso global do aeroporto.

REFERÊNCIAS

Anexo 9 - facilitação ICAO. Disponível em: https://store.icao.int/en/annex-9-facilitation (Acedido em: 18 de julho de 2023).

Anexo 17 - segurança da aviação ICAO. Disponível em: https://store.icao.int/en/annex-17-security (Acedido em: 22 de julho de 2023).

Manual de Segurança da Aviação (Doc 8973 - Restricted) ICAO. Disponível em: https://store.icao.int/en/aviation-security-manual-doc-8973 (Acedido em: 16 de agosto de 2023).

The Value of Air Cargo, Iata.org. Disponível em: https://www.iata.org/contentassets/4d3961c878894c8a8725278607d8ad52/air-cargo-brochure.pdf (Acedido em: 19 de agosto de 2023).

IATA Global Shipper Survey, 2022, Iata.org. Disponível em: https://www.iata.org/contentassets/4d3961c878894c8a8725278607d8ad52/global_shipper_survey_outcome_report.pdf (Acesso em: 21 de agosto de 2023).

Moving Air Cargo Globally, Third Edition, 2023, *Icao.int.* Disponível em: https://www.icao.int/ Security/aircargo/Documents/Moving%20Air%20 Cargo%20Globally%20-%20Third%20edition.EN.pdf (Acesso em: 6 de setembro de 2023).

Aeródromos, Publicação de Informação Aeronáutica do Bangladesh (2019) *Gov.bd.* Disponível em: http://www.caab.gov.bd/aip/aerodromes/adall.pdf (Acedido em: 10 de setembro de 2023).

Aeroporto Internacional Hazrat Shahjalal (HSIA). Disponível em: https://www.hsia.gov.bd/ (Acesso em: 14 de setembro de 2023).

Portal Nacional do Bangladesh, Autoridade da Aviação Civil do Bangladesh. Disponível em: https://caab.portal.gov.bd/ (Acedido: 16 de setembro de 2023).

Nova Web, Autoridade da Aviação Civil do Bangladesh. Disponível em: http://ops.caab.gov.bd/ (Acedido em: 17 de setembro de 2023).

Relatório Anual CAAB 2021-22, Autoridade da Aviação Civil do Bangladeche. Disponível em: https://www.caab.gov.bd (Acedido em: 21 de setembro de 2023).

Acordo de Desempenho Anual 2023-24, CAAB & MOCAT. Disponível em: http://www.caab.gov.bd/admn/apa%2023-24.pdf (Acesso em: 24 de setembro de 2023).

Alo, J. N. (2023) Inside Airbus's mega plan to develop the aviation ecosystem in Bangladesh, The Business Standard. Disponível em: https://www.tbsnews.net/features/panorama/inside-airbuss-mega-plan-develop-aviation-ecosystem-bangladesh-639798 (acesso em 27 de setembro de 2023).

Budd, L. e Ison, S. (2020) Air transport management: An International Perspective. 2.ª ed. Londres, Inglaterra: Routledge.

Capitão de Grupo Abu Saleh Mahmud Mannafi, GUP, acsc, psc, Membro (Segurança) do Conselho da Autoridade da Aviação Civil do Bangladesh. RELATÓRIO SOBRE O PAÍS: BANGLADESH.

A instalação de carga do futuro (2019) Iata.org. Disponível em: https://www.iata.org/contentassets/4892cdf3e44c40179139aa128cc8d67b/stb-cargo-white-paper-cargo- facility-future.pdf (Acesso em: 28 de setembro de 2023).

Autoridade da Aviação Civil do Bangladesh. Disponível em: http://caab.gov.bd/airports/shahja lal.html (Acedido em: 1 de outubro de 2023).

Autoridade da aviação civil, Ministério da aviação civil e do turismo do Bangladesh, Governo da República Popular do Bangladesh, inquérito preparatório para o projeto de expansão do aeroporto internacional de Daca, relatório final (2017) Jica.go.jp. Disponível em: https://openjicareport.jica.go.jp/pdf/12289229_01.pdf (Acedido: 1 de outubro de 2023).

Apêndice A | Fluxograma da operação de carga de importação (Complexo de Carga de Importação, HSIA) | BBAL

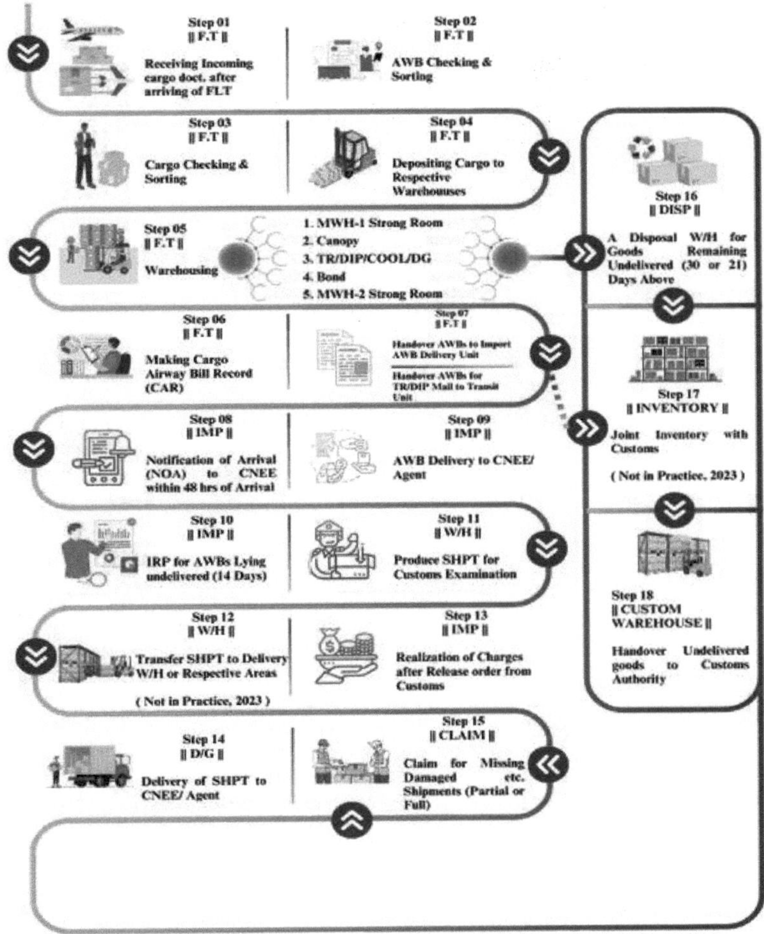

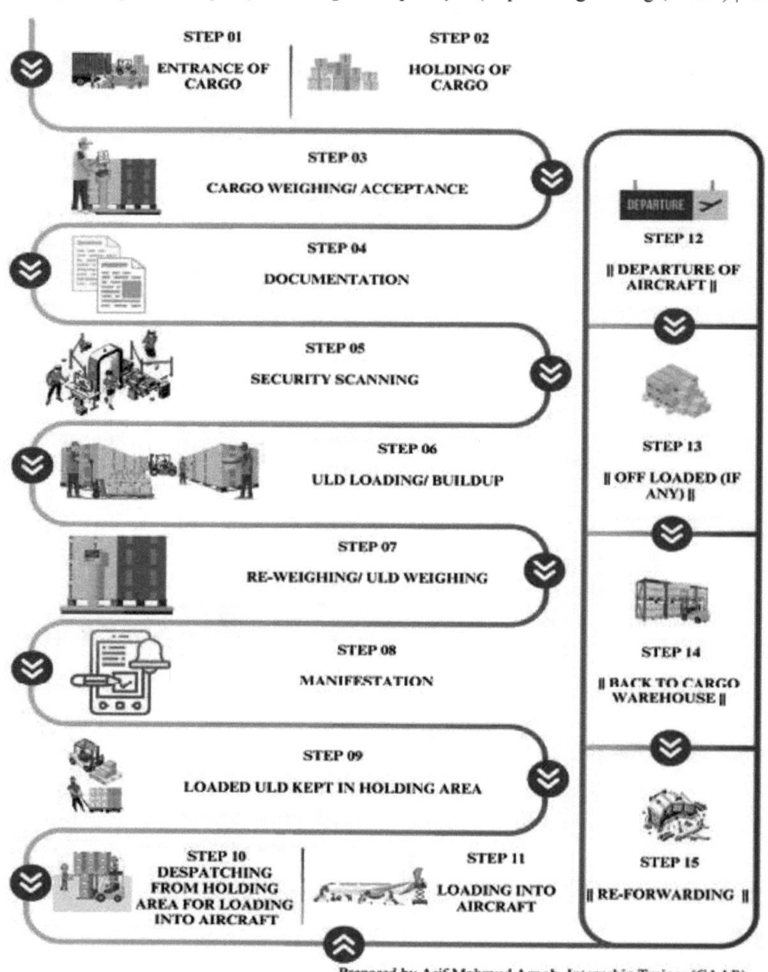

Prepared by Asif Mahmud Arnob, Internship Trainee (CAAB)

Apêndice C | ANEXO ICAO Responsabilidades de gestão (departamentos da CAAB/outras agências)

Anexo ICAO	Gabinetes responsáveis
Anexo 1 - Licenciamento do pessoal	CAAB - FSR (PEL)
Anexo 2 - Regras do Ar	CAAB -FSR (Todos)
Anexo 3 - Serviços Meteorológicos	BMD/CAAB - CAAB - FSR (ANS)
Anexo 4 - Cartas aeronáuticas	CAAB -ATM/ CAAB - FSR (ANS)
Anexo 5 - Unidades de medida	Todos
Anexo 6 - Operações de aeronaves	CAAB -FSR (OPS)
Anexo 7 - Marcas de nacionalidade e de registo das aeronaves	CAAB -FSR (AR)
Anexo 8 - Aeronavegabilidade das aeronaves	CAAB -FSR (AR)
Anexo 9 - Facilitação	CAAB-AVSEC/FSR
Anexo 10 - Telecomunicações aeronáuticas	CAAB - CNS/ATM/ CAAB - FSR (ANS)
Anexo 11 - Serviços de tráfego aéreo	CAAB -ANS/CAAB -ATM
Anexo 12 - Busca e salvamento	CAAB (ATM)/BAF/BN
Anexo 13 - Investigação de acidentes e incidentes com aeronaves	AAIC-BD
Anexo 14 - Aeródromos	CAAB (operações aeroportuárias)/FSR (AGA)
Anexo 15 - Serviços de Informação Aeronáutica	CAAB -ANS/CAAB -ATM
Anexo 16 - Proteção do ambiente	CAAB -FSR (AR)
Anexo 17 - Segurança	CAAB -AVSEC
Anexo 18 - Segurança do transporte aéreo de mercadorias perigosas	CAAB -FSR-OPS (DG)
Anexo 19 - Gestão da segurança	CAAB -FSR (Todos) / AAIC-BD

Apêndice D | Operadores de linhas aéreas (companhias aéreas de passageiros) | HSIA

SL. NR.	Companhias aéreas de passageiros	SL. NR.	Companhias aéreas de passageiros	SL. NR.	Companhias aéreas de passageiros
1.	Air Arabia	11.	Voar para o Dubai	21.	Turkish Airlines
2.	Air Asia	12.	Gulf Air	22.	Salam Air
3.	Air India	13.	IndiGo Airlines	23.	Saudia
4.	Biman Bangladesh Airlines	14.	Kuwait Airways	24.	Ethopian Airlines
5.	Cathay Pacific Airways	15.	Malaysian Airlines	25.	Vistara Airlines
6.	Egypt Air	16.	Ar dos Himalaias	26.	Jazeera Airways
7.	China Eastern Airlines	17.	Etihad Airways	27.	Singapore Airlines
8.	China Southern Airlines	18.	Qatar Airways	28.	SriLankan Airlines
9.	Druk Air	19.	Oman Air	29.	NovoAir
10.	Emirates Airlines	20.	US-Bangla Airlines	30.	Thai Air Asia
33.	Air Astra	32.	Flynas	31.	Thai Airways

SL. NR.	Companhias aéreas de carga	SL. NR.	Companhias aéreas de carga
1.	British Airways World Cargo	10.	Martinair Cargo
2.	Cathay Pacific Cargo	11.	MASKargo
3.	China Airlines Cargo	12.	Midex Airlines
4.	Emirates Sky Cargo	13.	Qatar Airways Cargo
5.	Etihad Crystal Cargo	14.	Saudia Cargo
6.	FitsAir	15.	Silk Way Airlines
7.	Hong Kong Airlines Cargo	16.	Singapore Airlines Cargo
8.	Korean Air Cargo	17.	TransGlobal Airways
9.	Lufthansa Cargo	18.	Turkish Airlines Cargo

Apêndice F | Concessão do aeroporto | HSIA

Concessão HSIA Terminal 1 Terminal 2 Doméstica abaixo da ponte de	Concessão Carga de importação Carga de exportação	Concessão Cabide BFCC

embarque		
BBAL ***	BBAL **	BBAL **
Lojas **Duty Free**** Serban** Skylax* * Duty free (Ranks) * * Belagio** Masud Enterprise** Fuang** Bangladesh Porjoton Corporation**		
Alimentação e bebidas*** Arost Trading (Snacks & Fast Food)* Premium Sweets (Snacks & Fast Food) ** Anúncio (CSA, Mohemmed Enterprise, Inovia Media, K-Mark, Smart Corp, Mahbuba Traders, BBAL)* 10-12 Anúncio* Houladar & Sons(Snacks)* AI Snacks* Royale Traders (Fast Food)* Aeros Trading* Fair taste* Spicy Restaurant* Premium Sweets* IT Center* Chicken Express* Ross & Shor* Bangladesh Cha Board Showroom*	Centro de Quarentena Vegetal* Saudia Airlines* Kuwait Airlines* Emirates Airlines* Malaysia Airlines* Thai Airways* Singapore Airlines* Dragon Air/ Cathy Pacific* Qatar Airways* Etihad Airways* China Cargo Airlines GSA* British Cargo* NovoAir* Turkish Airlines* Srilankan Airlines* Gulf Air* Silkway Cargo* M&C Cargo*	Department of Postal* Podma Oil* Novo Air* US Bangla Airlines* Sky Capital Airlines*
Sultan Tea Showroom* Pran Dairy food LTD* Star Corner Snacks* Police Canteen*		
Lojas de retalho Loja Ma Basher TR* Loja de viagens* Sundora BD LTD* BD Culture & Book Showroom*		
Máquinas **de Rapping**** Empresa Fahrier** Empresa Athoi** Empresa Hazara* Linha de apoio à aviação*		
Lounges*** Dhanshiri Communication 1 * * Gold held 2* Balaka Lounge* BBAL Mouslin Lounge* OLF Corp. Lounge* Falcon Traders Lounge* Nokshi katha Lounge* Dept. N Consortium Lounge* Unique Hotel & Resource Lounge* Arial lounge*		
Encontros e saudações Meet Greet & Assist Services** Shubhechha* * Airport Help Service Ltd* *		
Help Line Ltd* * Global Airport Assisting Service Ltd* * Travel Shop Ltd**		
Serviço de aluguer de automóveis World Trust tourist and car service** A-5 Roadway Ltd* * Alvi Tourist Car Ltd** Aviation Transport Ltd** Convoy Service** Centro de informações turísticas e aluguer de automóveis** Serviço de transporte (Informações turísticas e serviço de transporte)*		
Bancos e casas de câmbio MTB Booth* * Sonali Bank Booth* Probashi Kollan Bank* Jamuna Bank Booth* Pubali Bank* Agroni Bank* Agroni, Jonota, Rupali		

Bank Money Exchange* Standard Bank*		
Outros Kor Onchol 11 Booth* Probashi Kollan Montronaloy help Desk* GP International Phone Roaming Desk* Perdidos e achados* Robi, Banglalink, GP, Teletalk Sim Bikroy* Reserva de hotéis (17) * BGMEA Help Desk* BKMEA Help Desk* BD Tourism Board* BD Porjoton Corp.*		
Bagagem Descer 01 * Bagagem Descer 02 * Balcão de Reclamações * Receção de bagagens perdidas * Serviço central de bagagens * Balcão de vendas * Moslin Lounge * Saudia Airlines * Thai Airways * Dragon Air * Bismillah Airlines * Galaxy Air * Novo Air * Air Arabian * Comissão Fiscal * Força Especial de Segurança * Informações de Segurança Nacional * Immigration & Passport/ Visa Cell * Bangladesh Tourism Corporation * CTSB *		
Inteligência personalizada * Conselho de Investimento * Conselho do Chá do Bangladesh * Tourism Board * Customs * BTCL * Department of Livestock Service * Customes and commisonerate * DGFI * Balaka Hotel * Department of Fisheries * Célula de Movimento do Exército * Balcão de bem-estar dos expatriados * Departamento de Controlo de Estupefacientes * Teletalk Bangladesh * Kuwait Airways * Saudia Airlines * Emirate Airlines * SpiceJet (GSA SkyJet) *		
Malaysia Airlines * Thai Airways * Singapore Airlines * Dragon Air * Qatar Airways * Chaina Eastern * Maldivian Aero * Novo Air * Turkish Airlines * Srilankan Airlines * Fly Dubai * Air Arabian * Salam Air * Indigo Air * Jazeera Airlines * Novo Air * US Bangla Airlines **		

Printed by Books on Demand GmbH, Norderstedt / Germany